Von Kindern lernen

SPRINGER NATURE

springernature.com

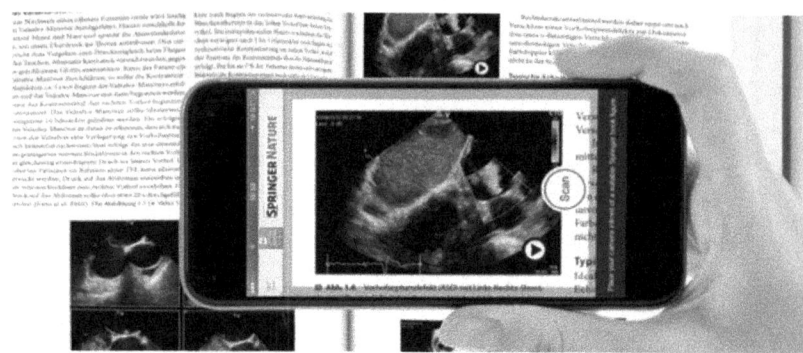

Springer Nature More Media App

Videos und mehr mit einem „Klick"
kostenlos aufs Smartphone und Tablet

- Dieses Buch enthält zusätzliches Onlinematerial, auf welches Sie mit der Springer Nature More Media App zugreifen können.*
- Achten Sie dafür im Buch auf Abbildungen, die mit dem Play Button ⊙ markiert sind.
- Springer Nature More Media App aus einem der App Stores (Apple oder Google) laden und öffnen.
- Mit dem Smartphone die Abbildungen mit dem Play Button ⊙ scannen und los gehts.

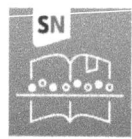

Kostenlos downloaden

*Bei den über die App angebotenen Zusatzmaterialien handelt es sich um digitales Anschauungsmaterial und sonstige Informationen, die die Inhalte dieses Buches ergänzen. Zum Zeitpunkt der Veröffentlichung des Buches waren sämtliche Zusatzmaterialien über die App abrufbar. Da die Zusatzmaterialien jedoch nicht ausschließlich über verlagseigene Server bereitgestellt werden, sondern zum Teil auch Verweise auf von Dritten bereitgestellte Inhalte aufgenommen wurden, kann nicht ausgeschlossen werden, dass einzelne Zusatzmaterialien zu einem späteren Zeitpunkt nicht mehr oder nicht mehr in der ursprünglichen Form abrufbar sind.

Frank Behrendt · Bertold Ulsamer

Von Kindern lernen

Wie uns kindliche Perspektiven gelassener, glücklicher und erfolgreicher machen

Frank Behrendt
Köln, Deutschland

Bertold Ulsamer
Freiburg, Deutschland

Die Online-Version des Buches enthält digitales Zusatzmaterial, das durch ein Play-Symbol gekennzeichnet ist. Die Dateien können von Lesern des gedruckten Buches mittels der kostenlosen Springer Nature „More Media" App angesehen werden. Die App ist in den relevanten App-Stores erhältlich und ermöglicht es, das entsprechend gekennzeichnete Zusatzmaterial mit einem mobilen Endgerät zu öffnen.

ISBN 978-3-658-27934-9   ISBN 978-3-658-27935-6 (eBook)
https://doi.org/10.1007/978-3-658-27935-6

Die Deutsche Nationalbibliothek verzeichnet diese Publikation in der Deutschen Nationalbibliografie; detaillierte bibliografische Daten sind im Internet über http://dnb.d-nb.de abrufbar.

Springer
© Springer Fachmedien Wiesbaden GmbH, ein Teil von Springer Nature 2020
Das Werk einschließlich aller seiner Teile ist urheberrechtlich geschützt. Jede Verwertung, die nicht ausdrücklich vom Urheberrechtsgesetz zugelassen ist, bedarf der vorherigen Zustimmung des Verlags. Das gilt insbesondere für Vervielfältigungen, Bearbeitungen, Übersetzungen, Mikroverfilmungen und die Einspeicherung und Verarbeitung in elektronischen Systemen.
Die Wiedergabe von allgemein beschreibenden Bezeichnungen, Marken, Unternehmensnamen etc. in diesem Werk bedeutet nicht, dass diese frei durch jedermann benutzt werden dürfen. Die Berechtigung zur Benutzung unterliegt, auch ohne gesonderten Hinweis hierzu, den Regeln des Markenrechts. Die Rechte des jeweiligen Zeicheninhabers sind zu beachten.
Der Verlag, die Autoren und die Herausgeber gehen davon aus, dass die Angaben und Informationen in diesem Werk zum Zeitpunkt der Veröffentlichung vollständig und korrekt sind. Weder der Verlag, noch die Autoren oder die Herausgeber übernehmen, ausdrücklich oder implizit, Gewähr für den Inhalt des Werkes, etwaige Fehler oder Äußerungen. Der Verlag bleibt im Hinblick auf geografische Zuordnungen und Gebietsbezeichnungen in veröffentlichten Karten und Institutionsadressen neutral.

Image by Rudy and Peter Skitterians, Pixabay

Springer ist ein Imprint der eingetragenen Gesellschaft Springer Fachmedien Wiesbaden GmbH und ist ein Teil von Springer Nature.
Die Anschrift der Gesellschaft ist: Abraham-Lincoln-Str. 46, 65189 Wiesbaden, Germany

Gewidmet den Kindern dieser Welt und ihrer niemals endenden Inspiration

Vorwort

Frank Behrendt: Vor rund 30 Jahren traf ich auf Bertold Ulsamer. Ich war junger Geschäftsführer bei einer Verkaufsförderungsagentur und unser Chef stellte ihn uns bei einem Management-Meeting als inspirierenden Coach vor, der uns als Gruppe begleiten sollte. Zunächst waren wir alle etwas skeptisch, denn wir waren allesamt jung, voller Power und wollten möglichst viel Geld verdienen. Der freundliche Mann aus Freiburg kam uns etwas entrückt vor, mit Gurus hatten wir damals wenig am Hut. Wir wollten eigentlich lieber neue Verkaufskonzepte besprechen, um den Umsatz zu steigern und unsere Boni zu erhöhen. Aber der erste Eindruck wandelte sich schnell. Bertold Ulsamer war alles andere als ein weltfremder Erleuchter, sondern sehr geerdet. Und er wollte uns nicht zu spirituellen Weltverbesserern machen, sondern uns dabei helfen, als Team noch erfolgreicher zu werden. Er war keiner, der mit uns die Zahlentabellen diskutierte und Einsparpotenziale auf ein Flip-Chart schrieb, er arbeitete in einem anderen Bereich mit uns. Dass diese Arbeit am Ende auch sehr viel mit dem Erreichen von Ergebnissen, dem Übertreffen von Zielen und auch unseren finanziellen Prämien zu tun hatte, checkten wir sehr zügig. Bertold Ulsamer hat es binnen kürzester

Zeit geschafft, uns zu begeistern. Er stellte ungewöhnliche Fragen, zeigte uns neue Wege abseits der eingetretenen Pfade, gab uns Techniken wie NLP an die Hand und leitete uns dezent auf den Weg zum Erfolg. Die Firma hatte einen unglaublichen Spirit, jeder Einzelne setzte sein Know-how und seine Personality zum Wohle des großen Ganzen ein. „Wir beginnen, wo andere aufhören" lautete das damalige Credo der Agentur. Und über viele Jahre schrieben wir eine einzigartige, nicht enden wollende Erfolgsgeschichte. Bertold Ulsamer war immer wieder dabei. Er erdete uns, bevor wir abhoben, er half uns dabei, neue externe Führungskräfte harmonisch in die schnell wachsende Struktur einzubinden. Er war ein Leuchtturm, ein erfahrener Guide, ein geschätzter Wegbegleiter.

Bertold Ulsamer: Als ich als Berater in die Agentur kam, war ich beeindruckt. Die Truppe war besonders, das merkte ich sofort. Alle hatten etwas Strahlendes, sie konnten verkaufen und andere für sich einnehmen. Der Dirigent dieses Ensembles, der Inhaber dieser ambitionierten Agentur, hatte jede einzelne Person sehr gezielt ausgewählt. Die Personalanzeigen in der FAZ trugen damals die Überschrift „Ungewöhnlicher Job für ungewöhnliche Typen". Und mit sicherer Hand wählte er aus der Vielzahl der Bewerber diejenigen aus, die er für die Besten der Besten hielt. Das Unternehmensziel war einfach umrissen: Sie wollten die beste und erfolgreichste Agentur werden. Der Weg dahin sollte ein ganz besonderer sein. Wo andere im nicht einfachen Feld der Personal-Promotion mit Befehl und Gehorsam eher an militärische Verbände erinnerten, sollte hier ein Kosmos geschaffen werden, in dem Menschen mit Menschen menschlich, motivierend und wertschätzend umgehen. Harte Arbeit und Spaß sollten kein Widerspruch sein, aus faszinierenden Persönlichkeiten galt es, ein verschworenes Team zu formen. Es war für mich eine extrem spannende Aufgabe, die Führungscrew auf ihrem Weg zu unterstützen.

Frank ist mir damals direkt aufgefallen. Er war jung, kam frisch von einer PR-Agentur dazu und hatte eine der schwierigsten Aufgaben zu lösen: Gemeinsam mit seinem Kompagnon sollte er die Düsseldorfer Filiale der Agentur wieder auf Kurs bringen, bei der sich der ehemalige Geschäftsführer mit nahezu allen Mitarbeitern und Kunden in die Selbstständigkeit verabschiedet hatte. Mich beeindruckte, wie mutig und mit welch positiver Energie Frank mit seinem Kollegen das leckgeschlagene Schiff in kürzester Zeit wieder erfolgreich machte. Die Arbeit mit ihm und seinen Kolleginnen und Kollegen ist mir auch nach vielen Jahren im Gedächtnis geblieben, weil sie mich stets als einen der ihren in ihrer Mitte willkommen geheißen haben und wir einen langen Weg erfolgreich gemeinsam gegangen sind.

Frank Behrendt: Nachdem ich Bertold Ulsamer als kompetenten Ratgeber und beruflichen Reisebegleiter in meiner damaligen Agentur kennen und schätzen gelernt hatte, nutzte ich ihn später auch, als ich persönlich vom Kurs abgekommen war. Meine erste Ehe war gescheitert, ich litt unter der Trennung von meiner Tochter, steckte beruflich in einer Sinnkrise. Bertold schlug vor, dass wir uns in den Bergen auf einer Almhütte, abseits vom hektischen Alltag Zeit nehmen, um über meinen Weg in die Zukunft zu sprechen. Meine damalige Entscheidung, externe neutrale Hilfe in Anspruch zu nehmen, habe ich nie bereut. Natürlich kann man auch mit Freunden oder Familienangehörigen über seine Situation sprechen, aber sie sind alle mehr oder minder involviert, sodass ihnen die notwendige Distanz und Neutralität fehlt. Gerade die habe ich damals gebraucht. Bertold war der beste Sparringspartner, den ich mir hätte wünschen können. Klar, ruhig, überlegt, ehrlich. Gemeinsam haben wir an einem Konstrukt, einem Masterplan für mein weiteres Leben gearbeitet. Die Ergebnisse sind unter anderem in meine ersten beiden Bücher eingeflossen, denn der Titel des ersten Buches „Liebe dein Leben und NICHT deinen Job" wurde Teil meiner heutigen „Life is great"-Haltung und hat seinen Ursprung auf einer Bergwiese, auf der ich mit Bertold einst saß.

Bertold Ulsamer: Ich habe mich damals sehr gefreut, dass Frank auf mich zukam, um in einer für ihn schwierigen Lebensphase meinen Rat zu suchen. Ich wusste aus der früheren Zusammenarbeit in der Agentur, dass er sehr offen ist, sich selbst stark reflektiert und extrem konsequent ist, wenn es um das Umsetzen von Entscheidungen geht. Eine gute Grundlage, um gemeinsam einen Weg aus dem Nebel zurück ins Licht zu finden. Wir brauchten keine Anwärmphase, sondern stiegen direkt ein. Frank schilderte schonungslos die Situation, war selbstkritisch und vor allem bereit, Dinge zu ändern. Wer mich kennt, weiß, dass ich mich auch intensiv mit dem Thema Familienaufstellung beschäftigt habe und die Kindheit als ein ganz elementares Schlüsselthema für die Lösung von vielerlei Fragestellungen betrachte. Auch mit Frank bin ich damals zurückgereist in seine Kindheit. Wir waren in Rio, an der Nordseeküste und in Kanada. Wir haben uns mit seinen Eltern und Geschwistern beschäftigt, haben seine Träume von damals wieder ausgegraben und haben seine Wünsche für die Zukunft herausgearbeitet. Als wir auseinandergingen, hatte ich ein gutes Gefühl, dass Frank seinen Weg gefunden hat und ihn konsequent gehen wird. Er hat es getan und ihn seitdem nie mehr verlassen.

Frank Behrendt: Immer, wenn ich einen Post oder Tweet rausgeschickt habe, in dem meine kleine Tochter Holly vorkam, gab es jede Menge positive Reaktionen. Ihre Zeichnungen, ihre Sprüche, ihre Ideen haben schon vielen Menschen Freude gemacht. Wenn ich auf meinen Vorträgen von „Hollys Handy-Hotel" und anderen kreativen Einfällen meiner Jüngsten berichtet habe, gab es viel Applaus. Ich habe sie nie auf Fotos gezeigt, weil ich kein Freund davon bin, dass minderjährige Kinder von ihren Eltern in den sozialen Netzwerken präsentiert werden. Wenn sie volljährig ist, soll sie einmal selbst entscheiden, ob und wie sie die digitale Welt nutzen möchte. Trotzdem haben viele das Gefühl, Holly zu kennen. Irgendwann schrieb ich einige der vielen originellen Geschichten auf, die ich mit Holly erlebte. Sie ist mein kleiner „Mini-Guru" und begeistert mich immer wieder mit ihrem Denken, ihrer Klarheit, ihren inspirierenden Ideen, die schon so viel bei mir zum Positiven verändert haben. Die wunderbare Lektorin Imke Sander vom Springer Gabler Verlag hatte die Idee, dass es mit Sicherheit spannend für die Leser wäre, wenn ich einen erfahrenen Psychologen als Co-Autoren gewinnen könnte und wir ein gemeinsames Buch schreiben würden. Ich dachte sofort an meinen früheren Coach. Als ich Bertold Ulsamer die Storys von und über Holly schickte, schloss er sie direkt ins Herz. Und nach kurzer Überlegung war er mit Begeisterung dabei, ein gemeinsames Buchprojekt umzusetzen. Es war ein wunderbares Gefühl, seine Kapitel zu erhalten, die er jeweils basierend auf einem Holly-Impuls verfasste. Ich habe dann jeweils einige Take-aways addiert, um Ihnen, liebe Leser, etwas Greifbares in Form von Tipps und Tricks mit auf den Weg zu geben. Probieren Sie das eine oder andere aus, ich bin sicher, es macht Spaß und kann auch hilfreich sein. Bestimmt werden Sie bei der Lektüre die Freude in jedem Kapitel spüren, die wir als Autoren beim Verfassen dieses Buches hatten. Es war für uns eine gemeinsame Reise, die vor 30 Jahren begann. Ich wünsche mir, dass Sie beim Lesen ein Stück weit auch sich selbst neu entdecken und den einen oder anderen Gedanken mitnehmen. Ich lerne täglich von meinen Kindern, sie sind für mich das größte Geschenk und meine tägliche Inspiration. Ihr Blick auf die Welt und das Leben ist oft anders als unserer. Aber vielleicht sind wir alle gut beraten, die Welt öfter mal wieder durch Kinderaugen zu betrachten.

Bertold Ulsamer: Frank und ich kennen uns lange. Aber es ist nicht so, dass wir ständig im Austausch gestanden haben. Jeder von uns hatte in den vergangenen Jahren viel zu tun, hat sein Leben gelebt und eigene Projekte verfolgt. Aber immer mal wieder gab es einen Anlass, bei dem wir zusammenfanden. Ende der 1990er-Jahre etwa, als Frank im Bereich Kinder-Entertainment tätig war, rief er mich an und wir haben eine ungewöhnliche Hörspielserie produziert: „Die Familie Fürchterlich". Eine Drachenfamilie, die alles erlebte, was Kinder und Menschenfamilien auch erleben. Wir haben damals auch schwierige Themen wie die Trennung der Eltern oder den Tod behandelt, um Kindern und Eltern auf eine einfühlsame Art und Weise Hilfestellung zu geben. Es war ein tolles Projekt, die Zusammenarbeit hat uns beiden viel Spaß gemacht. Mit Freude habe ich dann verfolgt, wie Frank später seine eigenen Bücher schrieb, er schickte sie mir, ich schickte ihm meine. Ein wunderbarer Austausch. Als er mir dann von seiner Idee eines gemeinsamen Buches erzählte, fand ich das natürlich interessant. Er schickte mir die kleinen Geschichten von Holly und ich hatte viel Freude an den Gedanken und der Fantasie dieses wunderbaren Kindes. Ich schrieb ein Demokapitel mit meinen Gedanken und Geschichten, die mir zu den einzelnen Themenbereichen aus meiner langjährigen Erfahrung einfielen. Das Feedback des Verlages war extrem positiv und so machten wir weiter. Die Arbeit an dem Buch war eine große Herausforderung, denn auf diese Art und Weise schreibt man schließlich nicht jeden Tag. Gleichzeitig war es extrem spannend, denn die einzelnen Impulse von Frank bzw. Holly sorgten bei mir jedes Mal für eine Reise durch mein eigenes Leben. Ich habe mich an viele Stationen und Begegnungen während meiner Arbeit erinnert und sie in die Kapitel integriert. Mir war und ist es in meiner Arbeit immer wichtig gewesen, Anregungen zu geben, Wissen zu teilen und Menschen zu helfen, ihren eigenen Weg zu finden und ihn voller Überzeugung zu gehen. Auch ich habe im Laufe der Jahre von vielen klugen Menschen gelernt und ihre Gedanken haben meine Sicht auf die Welt immer bereichert.

Ein spezieller Dank geht an Tijen Onaran
Um noch etwas mehr Nähe zwischen uns als Autoren und Ihnen als Leser herzustellen, finden Sie in der Springer Nature More Media App (kostenlos in jedem App-Store verfügbar) Podcasts zu diesem Buch. Holly hat dazu Zeichnungen erstellt, die Sie mit der App scannen können, um die Audiodateien zu öffnen.

Achten Sie auf die lustigen Köpfe mit den Kopfhörern auf den Ohren.

Netzwerkexpertin, Autorin und Moderatorin Tijen Onaran hat sich zu diesem Zweck mit uns beiden unterhalten – es war ein tolles Gespräch mit vielen ergänzenden Informationen und persönlichen Botschaften, die wir gerne mit Ihnen teilen möchten. Hören Sie uns in Lesepausen zu, es lohnt sich.

Wir wünschen uns, dass Sie dieses Buch als einen unterhaltsamen und gleichzeitig inspirierenden Reisebegleiter nutzen, der Ihnen hilfreiche Impulse gibt, die Sie auf Ihrem ganz persönlichen Weg weiterbringen.

P.S. Ausschließlich aus Gründen der besseren Lesbarkeit verwenden wir in diesem Buch das generische Maskulinum.

Köln/Freiburg, im Februar 2020 Frank Behrendt
Bertold Ulsamer

Inhaltsverzeichnis

1 Achtsamkeit, oder: Marienkäfer weinen nicht   1
Erreichbarkeit in Unternehmen   3
Stressreduktion durch Achtsamkeit   6
Die Kraft von Gegenwart und Bewusstheit   9
Achtsamkeit in Unternehmen   12
Die Herausforderungen der modernen Welt   14
Literatur   19

2 Prioritäten, oder: Papa, du fehlst mir   21
Jenseits von Familie und Beziehung   32
Flexibilität und der Preis, der zu bezahlen ist   33
Wann man auf seine Kinder hören sollte   36
Literatur   41

3 Fantasie, oder: Herr Langlöffel fährt Bimmelbahn   43
Kraftquellen aus der Kindheit   46
Mentale Ressourcen in der Gegenwart   50
Die menschliche Einbildungskraft – das große Wunder   54

Abenteuer heute	58
Literatur	62

4 Mut, oder: Faul sein ist wunderschön

	63
Unangepasstheit und Angepasstheit	67
Mut	73
Vorbilder	77
Faulheit und Kreativität	79
Liebenswert sein	80
Literatur	86

5 Positive Energie, oder: Pinke Flamingos im Büro

	87
Methode NLP – Neuro-Linguistisches Programmieren	90
Anker	92
Ressourcen und Blockaden	94
Freude an der Arbeit	97
Freude verbreiten	100
Literatur	107

6 Neue Rollen, oder: Eis in Nora Tschirners Schatten

	109
Rolle im Beruf	112
Die berufliche Rolle gern spielen	115
Die Last aus der Rolle	117
Mensch sein jenseits der Rolle	120
Spielerisch sein im Leben	121
Literatur	131

7 Hinterfragen, oder: Wer nicht fragt, bleibt dumm

	133
Keiner will dumm erscheinen	136
Wie wir frühe Wunden kompensieren	138

Wann es sinnvoll wäre, etwas dümmer zu sein	141
Dumme Fragen stellen im Management	144
Die Welt verstehen	146
Literatur	154

8 Kraft aus Vergangenem, oder: Opa Hans grillt im Himmel — 155

Die Kraft der Wurzeln – in Frieden mit den eigenen Eltern sein	159
Die Fähigkeit zu führen	161
Schwierigkeiten mit Autoritäten	165
Selbstsabotage des beruflichen Erfolgs	167
Abschied nehmen	171
Literatur	178

9 Digital Detox, oder: Hollys Handy-Hotel — 179

Kinder, Handys und das Gehirn	182
Schnaps oder Internet?	184
Deep Work	188
Die Welt wächst zusammen	191
Umgang mit dem Neuen	193
Die Suche nach Verbundenheit	196
Literatur	202

10 Selbstliebe, oder: Ich will so bleiben, wie ich bin — 205

Leben ist Veränderung	208
Mit sich ins Reine kommen	212
Schwächen akzeptieren	216
Dem Leben vertrauen	219
Literatur	226

Über die Autoren

Frank Behrendt, 56, „der kultgewordene Gelassenheitsguru", begeisterte mit seinem ersten Buch „Liebe dein Leben und NICHT deinen Job" Menschen und Medien. Seine Haltung, auf der sein Bestseller basiert, hat den Ursprung in einem persönlichen Beratungsgespräch mit Bertold Ulsamer während einer kritischen persönlichen Lebensphase. Überwältigt von dem Erfolg seiner veröffentlichten 10 Thesen hat er selbst die Konsequenzen gezogen und seinen Vorstandsjob bei einer großen Agenturgruppe freiwillig aufgegeben. Inzwischen ist er „nur noch" als Senior Advisor mit einem limitierten Zeitkontingent im Agenturgeschäft tätig. Parallel dazu hat er seine eigene Gelassenheitsberatung unter dem Label „frankzdeluxe" gegründet. Mit seinem zweiten Buch „Die Winnetou-Strategie – Werde zum Häuptling deines Lebens" setzte er dem Helden seiner Kindheit ein literarisches Denkmal. Frank Behrendt ist ein gefragter Autor, Coach und Vortragsredner. Gemeinsam mit seiner Frau, drei Kindern und einer französischen Bulldogge namens Fee lebt er in Köln. Holly ist seine jüngste Tochter und erblickte 2010 das Licht der Welt. Mehr Informationen unter: www.frankzdeluxe.de

Dr. Bertold Ulsamer, 71, Jurist, Diplom-Psychologe, Managementtrainer, Coach, Seminarleiter, lebenslang in Bewegung durch die verschiedensten Methoden hindurch. Zu Beginn waren es die Ansätze der Humanistischen Psychologie, dann Besuche in Indien zur Meditation. Anschließend folgte die Ausbildung im Feld NLP (Neuro-Linguistisches Programmieren) und Gründung eines Trainingsinstituts fürs Management. Die damaligen Seminare brachten ihn auch mit Frank Behrendt zusammen. Später führte ihn seine Suche nach Heilung und Entspannung weiter zu den Familienaufstellungen und der Traumatherapie. Diese Arbeit führte ihn in viele Länder, insbesondere auch nach China. Aus seinen Seminaren entstanden über 25 Bücher. Mit dem Schreiben hat er aufgehört (eigentlich – dieses Buch hier ist eine Ausnahme) und er veröffentlicht stattdessen Internetkurse auf udemy.com und „Übungen zum Wachsen und Blühen" auf seinem englischen YouTube-Kanal. Er lebt mit seiner Frau in Freiburg. Mehr Informationen unter: www.ulsamer.com

1

Achtsamkeit, oder: Marienkäfer weinen nicht

Getrieben von einer immer schneller und digitaler tickenden Welt vergessen wir oft die Wunder der Natur. Es sind die kleinen Dinge, die wir wieder sehen lernen sollten.

Frank Behrendt
Zählen wir unsere Errungenschaften der digitalen Welt einmal zusammen: Ich habe drei Smartphones, allesamt iPhone 6S. Meine Frau hat zwei der Apple-Geräte, sogar neuere Modelle als meine, wie mein Sohn mir regelmäßig aufs Butterbrot schmiert. Unsere große Tochter hat ein Huawei. Seit sie ihr eigenes Geld verdient, wird konsequent nach der optimalen Kosten-Nutzen-Rechnung entschieden. Das war früher nicht immer so. Unser 11-Jähriger hat ein „Notfall-Handy", damit kann er anrufen und SMS schreiben, wenn die Schule früher endet oder er sich spontan verabreden möchte. Oma hat einen alten Nokia-Knochen, wahrscheinlich würde man ihr im Museum dafür heute einen guten Preis machen. Die einzige Funktion, die sie wirklich interessiert, ist die Möglichkeit, mittels MMS Bilder von

uns zu empfangen. „Ihr braucht nicht anrufen, ein schönes Bildchen am Tag und ich weiß, dass es euch gut geht" lautet ihre Devise. Also bekommt sie Sonnenauf- und -untergänge am Meer, Enkel mit Schokoeis, die Tochter mit Blumen im Haar und den Schwiegersohn vor einem Hippie-Laden auf Ibiza. Neben zwei Fernsehern, allesamt mit Full-HD-Schnickschnack und komplett internetfähig, fliegt noch ein iPad mit Bibi & Tina, dem Sams und anderen Entertainment-Filmen im Wohnzimmer herum. Eine Playstation für FIFA und die kickenden Gladiatoren 4.0 komplettiert das digitale Set-up im Hause Behrendt.

Nur Holly hat (noch) nichts, wenn man mal von einer pinkfarbenen Handyhülle absieht, die sie sich manchmal ans Ohr hält, wenn sie mit ihrem Doppelkinderwagen durch den Park fährt. Macht man eben so als moderne Mutter. Aber Holly scheint nicht wirklich darunter zu leiden, digital bislang nur eine Nebenrolle zu spielen. Sie verfügt über jede Menge Freundinnen, geht gerne zum Ballett und ihr liebstes Lebewesen piept nicht auf dem Handy, sondern rollt sich bevorzugt wie eine Schnecke in einem rotkarierten Hundekörbchen zusammen: Fee, unsere lustige französische Bulldogge. Oder wie Holly sagt: „meine kleine Schwester".

Mit Holly durch den Forstbotanischen Garten – eine herrliche Grünanlage mit Bäumen aus aller Herren Länder – zu gehen, ist Freude pur. Sie sieht einfach alles. Winzige Frösche müssen vor Joggern gerettet werden und jedes herumflatternde Wesen wird begeistert gefeiert. „Schaumal, da ist ein Dalmatiner-Schmetterling", ruft sie plötzlich. Den kannte ich aus dem Biologieunterricht bisher nicht. Aber vielleicht gab es auch früher keine weißen Falter mit schwarzen Punkten. Holly sieht Kleinigkeiten und sie gibt ihnen Bedeutung. Sie weist uns hin, sie erdet uns, sie zeigt uns jeden Tag, wie einfach Glück sein kann. Warum es für uns alle wichtig ist, gerade bei der zunehmenden Digitalisierung wieder achtsamer zu sein und den kleinen Dingen im Leben wieder mehr Aufmerksamkeit zu schenken, davon handelt dieses Kapitel.

An einem sonnigen Samstag fordert uns Holly zum sofortigen Stehenbleiben am Rand einer Wiese auf. An einem Busch hat sie eine Marienkäferfamilie entdeckt. Fünf der roten Käfer mit ihren schwarzen Punkten krabbeln über die saftigen Blätter einer Staude. Holly geht in die Knie und mit ihrem Kopf ganz dicht an die winzigen Lebewesen heran. Tierfilmer Heinz Sielmann hätte seine helle Freude an ihr gehabt. „Ich sehe ihren Mund und sie lachen alle", erklärt Holly. Wir müssen auch lachen und ihr Bruder kontert: „Woher willst du wissen, dass die lachen? Vielleicht sehen sie immer so aus". Holly schüttelt den Kopf: „Habt ihr schon mal einen weinenden Marienkäfer gesehen? Die sind nur fröhlich, ihr ganzes Leben lang." So bestimmt, wie sie es sagt, gibt es daran gar keinen Zweifel. Warum auch? Fakten sind Fakten. Aber andere Dinge sind variabel, je nach dem Blickwinkel ihres Betrachters. Und Holly sieht nun mal ein Lachen. Auch bei Familie Marienkäfer am Wegesrand.

Bertold Ulsamer
So viele Smartphones in der Familie Behrendt! Eben eine moderne Familie, angekommen in der heutigen Zeit. Alle sind miteinander verbunden und jeder ist ständig erreichbar. Keiner fällt mehr durch die Maschen und muss sich vielleicht einen Moment verlassen und abgeschottet vorkommen.

Erreichbarkeit in Unternehmen

Zum Glück ist das ja heute auch in Unternehmen nicht anders! Ständig online und dadurch am Puls des Geschehens. Keine wichtige (und auch unwichtige) Information kann einem mehr entgehen. Wahrscheinlich bordet auch

Ihr E-Mail-Fach über, wenn Sie überhaupt die Zeit finden hineinzuschauen, denn gleichzeitig piepst oder klingelt ja andauernd Ihr Handy. Ist das nun ein Zeichen von großem Engagement? Eine Voraussetzung überdurchschnittlicher Performance?

Eigentlich denken das noch viele. Dabei gilt eher das Gegenteil. Der Mensch ist nun einmal kein Roboter und nicht dazu gemacht, viele Dinge gleichzeitig zu erledigen. Im Zeitmanagement ist schon aus uralten Zeiten der sogenannte „Sägeblatt-Effekt" bekannt. Der tritt in Erscheinung, wenn jemand dauernd gestört oder in seiner Arbeit unterbrochen wird. Wer von seiner Aufgabe auch nur für einen kurzen Moment abgelenkt wird, braucht bis zur erneuten Weiterarbeit an der gleichen Stelle eine zusätzliche Anlaufzeit. Ergibt das für Sie Sinn? Jeder kurze Blick auf den Smartphone-Bildschirm entfernt Sie von Ihrer aktuellen Tätigkeit. Huch, einen Moment lang bin ich ganz woanders! Manchmal werden dann auch mehrere Momente daraus, eine weitere Suche, eine Antwort und so weiter. Ist Ihnen das vertraut? Und dann gilt es wieder, sich der ursprünglichen Aufgabe zu widmen. Geistig umschalten und zurückkommen. Wie viele solcher Störungen erleben Sie denn pro Stunde? Sie können das dann hochrechnen auf den ganzen Tag. Was schätzen Sie denn, wie viel Prozent Ihrer konzentrierten Arbeitszeit dadurch verloren gehen?

Wenn wir ehrlich sind, müssen die meisten von uns auch nicht „rund um die Uhr" sofort erreichbar und persönlich ansprechbar sein. Das Geschäft läuft normal weiter, auch wenn Sie sich für eine Stunde (oder mehr?) von Ihrer Umwelt abkapseln. Wenn Sie mit einer anderen Person einen Termin haben oder an einer wichtigen Besprechung teilnehmen, lassen Sie sich ja in der Regel auch nicht stören. Aber das bisher Gesagte kommt noch aus einer uralten Vergangenheit. Denn die seligen Zeiten, in denen jemand am Arbeitsplatz nur seine Bürotür schließen musste und damit

Ruhe hatte, sind schon lange vorbei. Der „Feier"-Abend ist zum „Arbeits"-Abend geworden. Denn das Internet ist grundsätzlich immer und überall verfügbar – nicht an Zeiten und Orte gebunden. Nicht einmal das Flugzeug ist noch Rückzugsort.

Eigentlich doch die ultimative Befreiung für jede ehrgeizige Nachwuchskraft? Sie darf jetzt immer und überall arbeiten! Über die Eifrigen und Übereifrigen erhöht sich schleichend der unsichtbare Druck auf alle anderen. Die Grenzen zwischen Arbeit und Privatleben hören auf zu existieren.

Dass das auf Dauer nicht gesund ist, zeigt die ständig wachsende Anzahl derjenigen, die wegen Burnout ausfallen. Unter der Überschrift „Jeder zweite Bundesbürger fühlt sich von Burnout bedroht" bringt Aerzteblatt.de Umfrageergebnisse: „Fast neun von zehn Deutschen fühlen sich demnach von ihrer Arbeit gestresst. Mehr als die Hälfte der Arbeitnehmer leidet zumindest hin und wieder unter Rückenschmerzen, anhaltender Müdigkeit, innerer Anspannung, Lustlosigkeit oder Schlafstörungen. Je 61 Prozent der Menschen in Deutschland klagen über Rückenschmerzen oder Erschöpfung – 23 Prozent jeweils sogar häufig. 59 Prozent fühlen sich manchmal innerlich angespannt. 54 Prozent der Befragten grübeln über ihre Arbeit, 53 Prozent schlafen nach eigenen Angaben schlecht." (Aerzteblatt.de 2018) Gehören Sie auch schon dazu?

Und es gibt ein weiteres, ein untrügliches Anzeichen dafür, dass die ständige Informationsflut nicht nur ungesund, sondern auch unproduktiv ist: Unternehmen verzichten mehr und mehr auf die ständige Erreichbarkeit. Das äußert sich in Betriebsvereinbarungen wie „Der Mitarbeiter stimmt mit seinem Vorgesetzten unter Berücksichtigung und Abwägung betrieblicher und privater Erfordernisse seine Erreichbarkeit ab. Diese orientiert sich an der im jeweiligen Team üblichen Lage der Arbeitszeit, kann aber auf Wunsch des Mitarbeiters davon abweichen. Außerhalb der abgestimmten Zeiten der

Erreichbarkeit hat der Mitarbeiter im Sinne der Ruhe und Erholung das Recht, nicht erreichbar zu sein. Dazu zählen in der Regel – soweit nicht Bestandteile des jeweiligen Arbeitszeitmodells – die Abend- und Morgenstunden sowie Samstage, Sonn- und Feiertage. Der Mitarbeiter muss außerdem die Möglichkeit haben, die ihm übertragenen Aufgaben in einer angemessenen Zeit innerhalb der üblichen Arbeitszeiten oder innerhalb der mit seinem Vorgesetzten abgestimmten Mobilarbeitszeiten erledigen zu können." (Böker und Demuth 2014, S. 55 f.).

Finden Sie das richtig und angemessen? Wenn ja – könnten Sie mit sich selbst eine solche „Betriebsvereinbarung" schließen? Ein persönliches Versprechen, Rücksicht auf „die Abend- und Morgenstunden sowie Samstage, Sonn- und Feiertage" zu nehmen? Was spricht dagegen? Setzen Sie sich ernsthaft mit den Gründen auseinander, die dagegen und die dafür sprechen. Und finden Sie eine für sich passende und vor allem gesunde Lösung! Und wenn Sie in einer Beziehung leben, dann ist es sinnvoll, auch das Gegenüber bei diesen Ideen einzubeziehen.

Ein Top-Manager bei SAP sagte: „Wenn ich in einem globalen Projekt arbeite, in dem rund um die Uhr E-Mails kommen, schalte ich mein Handy von abends zehn Uhr bis morgens acht Uhr aus. Das ist wichtig. Man sollte wieder seine eigenen Signale deutlich spüren. Wo setze ich Grenzen, was fühlt sich für mich richtig an? Wo wird es zu viel. Diesen inneren Muskel gilt es zu trainieren, mit sich in Verbindung zu stehen." (Bostelmann 2017, S. 57).

Stressreduktion durch Achtsamkeit

Zurück zu Holly, die sich an einem Busch von einer lachenden Marienkäferfamilie faszinieren lässt und begeistert zuschaut, wie fünf der roten Käfer mit ihren schwarzen Punk-

1 Achtsamkeit, oder: Marienkäfer weinen nicht

ten über die saftigen Blätter einer Staude krabbeln. Soll uns Holly etwa so anregen, entspannter zu werden? Über Marienkäferfamilien? Das klingt exotischer als der Safari-Trip zu den Löwen nach Südafrika.

Der erfahrene Manager denkt sich wahrscheinlich: „Im Unternehmen zählen nur die Zahlen und messbaren Erfolge. Leistung wird erwartet, gefordert und abgerufen. Heutzutage wird das natürlich ein bisschen sozial verbrämt und auf familienfreundlich gemacht. Aber wenn es ernst wird, wird keine Rücksicht darauf genommen. Das hier ist kein Kindergarten! Nur manchmal vielleicht ein bisschen, wenn sich wütende Streithähne am liebsten Sandschäufelchen auf die Köpfe hauen würden. Marienkäfer? Pustekuchen!"

Wechseln wir zwecks weiterer Erläuterung die Szene. Ein Unternehmensworkshop, bei dem sich fünfzehn gestandene Führungskräfte zusammengefunden haben. Der Trainer führt sie in die erste Übung ein, indem er jedem eine Rosine in die Hand gibt. „Sie haben jetzt die nächsten Minuten Zeit, die Rosine mit allen Sinnen wahrzunehmen. Stellen Sie sich vor, Sie würden **zum allerersten Mal in Ihrem Leben** so eine getrocknete Weintraube sehen. Welchen Eindruck haben Sie? Wie liegt sie auf Ihrer Handfläche? Wie verändert sich die Farbe, wenn Sie sie bewegen? Wie ist die Oberfläche mit all ihren Vorsprüngen und Unebenheiten beschaffen? Was ist die genaue Farbe, was sind Schattierungen? Halten Sie die Rosine an Ihre Nase. Können Sie etwas riechen? Bekommen Sie Appetit? Nehmen Sie einfach alle Sinneseindrücke, alle Gedanken und alle Gefühle wahr, ohne irgendetwas zu bewerten! Wie fühlt sich die Rosine an, wenn Sie sie zwischen Daumen und Zeigefinger drehen? Fühlt sich die Rosine anders an, wenn Sie die Augen schließen? Was passiert, wenn Sie die Rosine leicht zusammendrücken? Nähern Sie jetzt die Rosine dem Mund, streichen mit ihr noch einmal langsam über Ober- und Unterlippe – und nehmen Sie sie dann in den Mund. Aber dann nicht einfach hinunterschlucken! Sie bewegen die Rosine mit der Zunge vorsichtig in Ihrem Mund und nehmen erste Geschmacksnuancen wahr. Dann und wirklich erst dann kommt der erste Biss. Wie viele Geschmacksnuancen nehmen Sie jetzt wahr? Kommt Saft aus der Rosine? Wie fühlt sich das Fruchtfleisch im Innern an? Konzentrieren Sie sich auf das Kauen und erleben Sie, wie sich die Rosine langsam auflöst. Sie schlucken sie herunter und spüren dem Geschmack nach, der noch im Mund verbleibt. So, und wenn Sie das mit genügend Zeit und Ruhe gemacht haben, ziehen Sie Bilanz, wie weit es Ihnen möglich war, sich darauf einzulassen. Oder ob immer wieder ablenkende oder störende Gedanken dazwischen gefunkt haben. Das ist nicht schlimm, diese Gedanken gehören dazu."

So lauten die Anweisungen im Seminar. Erscheint Ihnen da nicht Holly im Wald harmlos dagegen? Das war die Einführungsübung zu einem Seminar in Achtsamkeit. Sie gehört zu den Meditationen am Anfang des MBSR-Programms, das sich inzwischen immer weiter verbreitet. MBSR kommt aus dem Englischen und ist die Abkürzung für *Mindfulness-Based Stress Reduction,* was „Stressreduktion durch Achtsamkeit" bedeutet. MBSR wurde Ende der 1970er-Jahre vom Amerikaner Jon Kabat-Zinn entwickelt. Aus buddhistischer Meditation, Yoga und Zen formte er ein Programm, das Menschen ursprünglich einfach helfen sollte, besser mit Stress umzugehen. Aller religiöser Hintergrund wurde entfernt – es geht um eine offene, akzeptierende und neugierige Haltung gegenüber dem, was vor sich geht, ganz gleich ob Gedanken, Gefühle oder Körperwahrnehmungen. Achtsamkeit wird häufig über Meditation erlernt und geübt. Ziel ist es, sich ganz und gar, mit allen Sinnen auf den gegenwärtigen Moment einzulassen. Und wozu soll das gut sein?

Die Kraft von Gegenwart und Bewusstheit

Druck kommt aus Gedanken, die wir uns machen: „Das ist nicht gut genug!" oder „Du musst mehr leisten!". Wir denken an ein zukünftiges Szenario und bekommen Angst. „Was wird mein Chef/mein Kunde sagen, wenn ich das Projekt nicht rechtzeitig abgebe?" Es gibt keine Überlastung, die nicht durch solche Gedanken gefördert oder erzeugt wird. Und mit diesen Gedanken entfernt sich jemand aus der Gegenwart.

Wer hingegen ganz präsent in der Gegenwart ist, steht mit beiden Beinen auf dem Boden. Sein Geist mag sehr gefordert sein. Aber weil er nicht zusätzlich an etwas anderes denkt, steht ihm seine ganze Kraft und Intelligenz für den Moment und für sein aktuelles Handeln zur Verfügung. Der ehemalige indische Bankdirektor Ramesh Balsekar, der später spiritueller Lehrer wurde, unterscheidet zwei verschiedene Arten von Verstand: den arbeitenden Verstand („Working Mind") und den denkenden Verstand („Thinking Mind"). Den arbeitenden Verstand brauchen wir für viele unserer Tätigkeiten. Wer eine E-Mail schreibt oder mit seinem Kollegen redet, braucht ihn. Hingegen enthält der denkende Verstand die störenden und ablenkenden Gedanken, die immer woanders sind, nur nicht in der Situation. Wer ganz in der Gegenwart ist, ist mit seinen Sinnen, bisweilen auch mit dem arbeitenden Verstand im Hier und Jetzt.

„Achtsamkeit" ist das neue Wort, das die Qualität desjenigen beschreibt, der mit der Aufmerksamkeit präsent ist. Einfache, aber schon jahrtausendealte Methoden werden dazu von vielen wiederentdeckt und genutzt. Da sitzt dann jemand am Morgen zwanzig Minuten und richtet seine Aufmerksamkeit ganz auf das Wahrnehmen des Einatmens und des Ausatmens. Tagträume und andere Gedanken lenken ihn immer von der einfachen Beobachtung ab. Aber immer wieder kehrt er zurück zum Atem. So simpel das klingt, so wirksam ist das, um sich mehr mit der Gegenwart zu verbinden.

Was hält uns ab, ganz im gegenwärtigen Moment zu sein? Der Autor und spirituelle Lehrer Eckhart Tolle hat scharfsinnig die drei Arten beschrieben, wie jemand es vermeidet, in der Gegenwart erfüllt und glücklich zu sein. Entweder, indem er das ablehnt, was gerade ist. Oder er stellt die Bedingung, dass, bevor er zufrieden ist, noch etwas in der Vergangenheit geheilt oder geklärt werden muss. Schließlich kann sich jemand noch sagen, dass erst noch etwas in der Zukunft geschehen muss (die Beförderung, die Gehaltserhöhung, die richtige Partnerschaft usw.) – dann wird er glücklich sein. Es ist wie ein Spiel mit der einzigen Spielregel: Sei ja nicht zufrieden in der Gegenwart!

Wer sich innerlich gegen eine bestimmte Situation wehrt, also zu ihr „Nein" sagt, erlebt Unfrieden, Stress und Hektik. „Nein" beinhaltet Abgrenzung. Es macht enger, ist aber gleichzeitig sicherer. Neue Kraft kommt, wenn jemand den gegenwärtigen Moment ganz und gar annimmt, „Ja" zu ihm sagt. „Ja" beinhaltet Zustimmung und Offenheit. Es öffnet die eigenen Grenzen und verbindet mit dem, was da ist. „Ja" sagen heißt nicht, fatalistisch alles hinzunehmen und zu ertragen. „Ja" gibt den unvoreingenommen Blick auf die Gegenwart, so wie sie ist. Daraus entsteht dann Kraft zu einem Handeln, das der Situation angemessen ist – nicht ein blinder Reflex, der aus der eigenen Spannung und Not geboren ist. Wer gegenwärtig ist, kann aus dem jeweiligen Moment heraus handeln – angstfrei, spontan, kraftvoll und angemessen.

Die dazu notwendigen Qualitäten wurden bislang vor allem mit Meditation und Spiritualität verbunden. Zen-Mönche streben danach, sich durch Meditation zu lösen aus der Identifikation mit ihrer Vergangenheit, mit ihrer Persönlichkeit, dem „Ego" mit all seinen Prägungen. Ihre Suche geht danach, immer wieder ganz und gar in der Gegenwart zu sein.

Heute wird sichtbar – gerade ein Burnout öffnet die Augen dafür –, dass der Zustand der Gegenwärtigkeit für alle gleich erstrebenswert ist. Wenn jemand im Augenblick ist, dann spielt es keine Rolle, ob er oder sie ein Mönch, eine Ministerin, ein Manager, eine Hausfrau oder ein Taxifahrer ist. In der Gegenwärtigkeit gibt es kein Besser oder Schlechter, kein Höher und Niedriger.

Dabei teilen alle, ob Mönch oder Manager, als gemeinsames Schicksal, dass sie den erwünschten Zustand der Gegenwärtigkeit immer wieder auch verlieren. Grübeln, Ängste, Träumereien, Sorgen bis hin zu Depressionen tauchen dann für Momente, Stunden, Tage oder sogar Wochen auf. Auch hier macht die Übung den Meister, der immer schneller zum Zustand von Sammlung und Stärke zurückfindet.

Kabat-Zinn hat in seinem Buch „Im Alltag Ruhe finden" folgende Beschreibung von Achtsamkeit gegeben: „… so intensiv und befriedigend es auch sein mag, sich in der Konzentration zu üben, bleibt das Ergebnis doch unvollständig, wenn sie nicht durch die Übung der Achtsamkeit ergänzt und vertieft wird. Für sich allein ähnelt sie (die Konzentration) einem Sich-Zurückziehen aus der Welt. Ihre charakteristische Energie ist eher verschlossen als offen, eher versunken als zugänglich, eher tranceartig als hellwach. Was diesem Zustand fehlt, ist die Energie der Neugier, des Wissensdrangs, der Offenheit, der Aufgeschlossenheit, des Engagements für das gesamte Spektrum menschlicher Erfahrung. Dies ist die Domäne der Achtsamkeitspraxis …" (Kabat-Zinn 2007, S. 75).

Achtsamkeit in Unternehmen

Deutsche Krankenkassen bezuschussen MBSR-Kurse. Inzwischen gibt es in Deutschland acht Ausbildungsinstitute und rund 1000 Achtsamkeitslehrer, sagt der Vorsitzende des zugehörigen Berufsverbandes (www.mbsr-verband.de) Günter Hudasch, Tendenz steigend (Klein 2018). Aber auch das größte europäische Software-Unternehmen SAP bietet Achtsamkeitsübungen für seine Belegschaft an. Es leistet sich sogar mit Peter Bostelmann einen eigenen „Director of Global Mindfulness Practice". Im Folgenden ein paar Impulse aus einem Interview, dass Stefanie Hammer mit Bostelmann für die Zeitschrift „moment by moment" geführt hat (Bostelmann 2017, S. 52 ff.). Eine persönliche Lebenskrise hat Bostelmann zur Meditation geführt und ihm geholfen, seinen inneren Kompass wiederzufinden. Durch seine Übung konnte er im Beruflichen besser mit seinen Emotionen umgehen und in Stresssituationen leichter Prioritäten setzen.

Gleichzeitig wurde er sehr durch das inspiriert, was in Silicon Valley geschieht, dem SAP-Standort, an dem er seit zehn Jahren arbeitet. Denn viele Firmen dort haben vor 10 bis 15 Jahren begonnen, mit Achtsamkeit und Meditation zu experimentieren. Google hatte schon für viele Jahre hochkarätige Wissenschaftler der Stanford University sowie andere Experten zu diesem Thema zusammengebracht. Sie entwickelten das Search Inside Yourself (SIY), das SAP dann ebenfalls in einem Pilotprojekt in Silicon Valley ausprobierte. Am dortigen Standort mit 3500 Mitarbeitern bestand ein breites Interesse. Zudem fanden weitere zweitägige Pilot-Kurse in Deutschland statt, die sehr gut bewertet wurden. Teilnehmer wurden vier Wochen und ein halbes Jahr nach dem Kurs befragt und bezeichneten es durch die Bank als „äußerst hilfreich". Der Kurs ist freiwillig, mit

Warteliste. Inzwischen haben mehr als 4500 Mitarbeiter (von mehr als 86.000) an mehr als 50 Standorten weltweit am Programm teilgenommen, in Walldorf bereits 2000 der 13.000 Mitarbeiter. Und mehr als 5500 Mitarbeiter stehen auf der Warteliste, die wächst. Mittlerweile gibt es Mitarbeiter, die sagen, dass sie deshalb zu SAP gekommen sind.

Zentraler Punkt ist, dass Achtsamkeit den Mitarbeitern hilft, ihr Engagement, ihre Selbstwahrnehmung und ihre Flexibilität zu stärken. Drei Kennzahlen wurden im Vergleich mit einer Kontrollgruppe ermittelt: Das Mitarbeiterengagement stieg signifikant, ebenso der „Leadership Trust Index", also das Vertrauen in die Führungskräfte. Und drittens gingen Fehlzeiten signifikant nach unten. Das Programm lohnt sich also auch für das Unternehmen. Eigene Lehrer werden an 12 Standorten sehr sorgfältig ausgebildet. Jeder davon praktiziert selbst Achtsamkeit und hat Erfahrung im SAP-Geschäft. Es ist das mit Abstand populärste Trainingsprogramm bei SAP. Firmen wie Siemens oder Telekom interessieren sich inzwischen für das Programm und bitten SAP um Unterstützung.

Noch ein anderes Beispiel, das ich sehr beeindruckend fand. Vielleicht haben Sie schon ein Buch von dem Historiker und Bestseller-Autor Yuval Noah Harari gelesen. Das erste war „Eine kurze Geschichte der Menschheit", dann folgte die kühne und radikale Zukunftsschau „Homo Deus. Eine Geschichte von morgen", schließlich „21 Lektionen für das 21. Jahrhundert". In dem World Economic Forum in Davos war er im Januar 2018 mit einem Vortrag „Will the Future Be Human?" als Sprecher eingeladen. Ich persönlich bin fasziniert und beeindruckt von der Klarheit und Schonungslosigkeit seines Denkens. Es ist für mich ein Genuss, ihn zu lesen.

Das war die Einleitung – denn jetzt komme ich zu dem 21. Kapitel seines letzten Buches. Die Überschrift ist „Meditation. Einfach nur wahrnehmen" (Harari 2018). Harari berichtet, wie er seinen Weg zur traditionellen Atemmeditation der Vipassana fand. Den Atem einfach wahrnehmen, nur den gegenwärtigen Moment, das Ausströmen und das Einströmen. Ein paar Stunden Meditation reichten ihm zu erkennen, dass er nahezu keine Kontrolle über sich selbst und seine Aufmerksamkeit hatte. Nach seinem ersten Kurs im Jahr 2000 begann er, jeden Tag zwei Stunden zu meditieren und jedes Jahr an einem ein- oder zweimonatigen Meditations-Retreat teilzunehmen. Ist das das Geheimnis seiner Gedankenklarheit und seiner Produktivität? Seiner Darstellung nach scheint es wirklich so zu sein.

Die Herausforderungen der modernen Welt

Wirtschaftliche Szenarien drehen sich heute so schnell wie die Flügel eines Ventilators. Chancen und Vernichtung liegen dicht nebeneinander. Veränderung kommt einer riesigen Welle gleich, die wie eine Sturmflut alles überrollt. Wer sich als Manager an das überlieferte „So hat es doch früher immer funktioniert!" klammert, geht unter. Die alten Rezepte genügen nicht mehr. Die Zeit der kleinen Schritte in die gleiche Richtung ist vorbei. Der Druck zur Veränderung ist zu groß. Gibt es ein Surfbrett, das dem einzelnen Manager hilft, die Kraft der Wellenberge der Globalisierung zu nutzen? Sich von ihnen tragen zu lassen, statt von ihnen zerschmettert zu werden?

Schauen wir noch einmal zurück zu Holly, die nur ihre pinkfarbene Handyhülle manchmal ans Ohr hält. Selige Kinderzeit! „Ja, so ein Kind war ich früher auch" wird dem einen oder anderen aus einer ganz versteckten Schublade der Vergangenheit bewusstwerden. Denn diese Neugier und Offenheit, die Unschuld und Kreativität werden allein

1 Achtsamkeit, oder: Marienkäfer weinen nicht

vom Leben mit in ihr Reisegepäck gegeben. Und wenn jemand nicht in ganz unglücklichen Umständen aufwächst, dann konnte er das auch in den ersten Lebensjahren auspacken. Und auch Holly wird aus diesem Paradies vertrieben werden. Die Schlange (Handyhülle!) kriecht schon in die Nähe. Wenn dann die ersten Freundinnen mit ihren Smartphones zeigen, was sie alles für tolle Sachen dort finden, wenn sie sich gegenseitig Botschaften und Emojis schicken, dann will Holly das auch. Das ist das neue, lockende, andere Paradies mit all seinen wunderbaren Möglichkeiten.

Für uns als Erwachsene ist die Herausforderung, die moderne Welt ganz anzunehmen UND uns auf die Suche zu machen, die ursprünglichen Qualitäten von Präsenz, Neugier und Unvoreingenommenheit wieder zu gewinnen. Es geht nicht darum, die Handys wegzuwerfen, sondern sie und alle anderen Mittel zu nutzen, ohne uns in ihnen zu verlieren. Wir waren in der kindlichen Unschuld. Wir haben diese Unschuld, dieses Ruhen in der Gegenwart verloren – wie jeder andere auch. Das gehört zum Menschsein und zum Erwachsenwerden. Aber dieser innere Raum ist immer noch da und wir können lernen, ihn ein Stück weit auf einer höheren Ebene wiederzufinden und in unser Leben zu integrieren.

Und noch eine Schlussgeschichte dazu (die natürlich erfunden ist): Der uralte Zenmeister geht im Sommer spazieren. Er kommt dabei an einen steilen Abhang, ein Stück Berg bricht ab und er stürzt den Abgrund hinunter. Nach ein paar Metern Fall kann er sich gerade noch an einer Wurzel festhalten. Er ist zu schwach zum Hochklettern und hängt dort hilflos. Allmählich löst sich die Wurzel über ihm aus dem Erdreich. Plötzlich entdeckt er direkt vor seiner Nase eine kleine Walderdbeere. Er bringt das Gesicht nach vorn und kann die Erdbeere mit seinem Mund fassen.

Er schließt die Augen und schluckt die Erdbeere. „Oh, wie köstlich", flüstert er.

Zugegeben, der Zenmeister hat jahrzehntelang für diese Haltung gebraucht. Diese Haltung findet derjenige, der die Natur genießt, begeistert schwimmt, sich schöne Bilder anschaut, gerne Musik lauscht, sich an der Weinprobe erfreut und das Essen genießt. Der mehr seine Augen, seine Ohren, seine Nase, Zunge und seinen Tastsinn nutzt. Der immer wieder Situationen findet, die seinem Körper und seinen Sinnen gut tun: dem Zwitschern der Vögel zuhören, Sport treiben, mit Kindern spielen. Und wenn Sie sich in Ihrem Unternehmen nahe dem Abgrund fühlen – wo ist gerade die Erdbeere?

Take-aways aus diesem Kapitel für Ihren Alltag

Frank Behrendt
  Was Sie tun können, um Achtsamkeit zu trainieren:

- **Achtsamkeitsreporter werden:** Fahren Sie einmal ganz bewusst *ohne Smartphone* mit der Straßenbahn oder dem Bus eine Stunde durch die Gegend. Sie können auch in den Zoo gehen oder in ein Museum. Wichtig ist, dass es ein Ort ist, wo viele Menschen kommen und gehen und wo Sie das Miteinander beobachten können. Nehmen Sie nur einen Notizblock und einen Stift mit, sonst nichts. Beobachten Sie die Menschen um sich herum. Was fällt Ihnen auf? Wer fällt Ihnen positiv auf und warum? Wer tut Ihnen leid? Über wen schütteln Sie den Kopf? Notieren Sie in Stichworten, was Sie bemerkt haben.

  Als Sonderaufgabe, weil Sie ja ohne Handy unterwegs sind, achten Sie bitte auf das Handynutzungsverhalten der anderen. Was fällt Ihnen da auf? Wie erleben Sie den Gebrauch der digitalen Devices im Alltag? Normal? Störend? Nervig? Ebenso können Sie nach Altersgruppen oder Geschlecht differenzieren. Was ist Ihnen bei jungen/älteren Menschen positiv/negativ aufgefallen? Was ist Ihnen beim Betrachten Ihrer Geschlechtsgenossen positiv/

1 Achtsamkeit, oder: Marienkäfer weinen nicht

negativ in Summe aufgefallen? Wie haben Sie den Kontakt mit Busfahrern, Servicemitarbeitern, Wachpersonal und anderen Menschen, die ihren Job im öffentlichen Umfeld erledigen, erlebt? Gleichgültig? Wertschätzend?

Wieder zuhause angekommen schauen Sie sich Ihre Notizen an. Versuchen Sie, eine positive Kernbotschaft zu formulieren, die Ihnen die kleine Reise vermittelt hat. Ganz gleich, ob es ein freundliches Wort war, ob Sie jemand anderem behilflich waren, ob es ein nettes Lächeln oder auch eine negative Beobachtung war, die Sie durch ein gegensätzliches eigenes Verhalten künftig als positiven Impuls ändern möchten – nehmen Sie es mit in Ihren eigenen Alltag des kommenden Tages oder der nächsten Woche.

Versuchen Sie selbst, den Kernsatz, das, was Ihnen wichtig ist, aufgrund der Erfahrung umzusetzen. Ob es ein Grüßen ist, ein Lächeln, ein spontanes Lob oder eine Hilfestellung – setzen Sie es um. Und dann achten Sie auf die Reaktion.

- **Den imaginären Beamer anwerfen:** Achtsam sein heißt auch, auf sich selbst aufzupassen. Sich Kräfte einzuteilen und neue zu bekommen. Dabei hilft oft, wenn Sie den imaginären Beamer anwerfen und sich selbst Bilder projizieren von Momenten, in denen Sie sich sehr stark gefühlt haben. War da nicht dieses besondere Projekt, das Sie sehr erfolgreich umgesetzt und dafür viel Applaus erhalten haben? War da nicht der Contest im Urlaub, den Sie gewonnen haben? Gab es nicht diesen Moment, als Sie im Kindergarten mit anderen den Spielplatz aufgebaut haben? Wann waren Sie stark, haben sich sehr gut gefühlt und denken gerne daran zurück? Genau. Holen Sie diesen Moment wieder hervor und belegen Sie ihn mit einem Wort. Schreiben Sie es auf ein farbiges Post-it und kleben Sie es sich auf den Schreibtisch, an den Spiegel oder stecken Sie es sich ins Portemonnaie. Wichtig ist nur, dass Sie dem Zettel und dem Wort, mit dem sonst keiner etwas anfangen kann, regelmäßig begegnen. Wenn Sie auf den Zettel blicken, beamen Sie sich kurz in den Moment – lächeln dürfen Sie auch dabei –, das macht auch stark.

Und noch etwas: Achten Sie künftig besonders auf Momente, in denen Sie sich besonders gut fühlen. Halten

Sie sie fest und finden Sie jeweils ein Wort dafür. Vielleicht haben Sie bald eine kleine Zettelsammlung der beachtenswerten Momente, die Ihnen Kraft geben.
- **Fokus-Slots einrichten:** Wer achtsam ist, passt auf und nimmt bewusst war. Damit ist er sehr fokussiert. Auch wenn oft Multitasking als erstrebenswert postuliert wird, wissen wir alle, dass mehrere Dinge gleichzeitig zu überlegen oder auszuführen, am Ende qualitativ nie so gut sein kann, wie der ausschließliche Fokus auf eine Sache. Kindern, die sich aufgrund von vielen Nebengeräuschen nicht immer optimal konzentrieren können, raten erfahrene Pädagogen zu einem Hörschutz. Ohne störende Nebengeräusche sind die Kinder sofort auf die zu erledigende Aufgabe fokussiert und machen weniger Fehler. Trainieren Sie die ausschließliche Fokussierung und staunen Sie über die Ruhe, die Sie dabei empfinden. Schach ist zum Beispiel ein Spiel, bei dem es ruhig zugeht. Verordnen Sie sich Fokus-Slots für jede Woche. Einen zum Spielen (Schach, Uno etc.), in dieser Stunde bleiben die Handys aus, es wird nur gespielt, Zerstreuung ist Trumpf. Einen Fokus-Slot zum Aufräumen. Nehmen Sie sich eine Schublade, einen Schrank, eine Ecke im Keller vor und räumen Sie nur das auf. Sonst nichts. Nicht nur Ordnungsgöttin Marie Kondo wird stolz auf Sie sein. Am Ende: erledigt, Haken dran. Und seien wir ehrlich, wie in der Baumarkt-Werbung: Es gibt immer etwas zu tun. Aber nicht alles auf einmal. Fokussiert vorgehen.

Und last but not least der Fokus auf Informationsaufnahme. Kinder in der Schule müssen das täglich machen: Hausaufgaben. Das sollten Erwachsene auch tun. Nehmen Sie sich an einem Abend die Zeit, einen Artikel, ein Kapitel in einem Buch, einen Podcast in Ruhe und komplett zu verinnerlichen. Wie auf dem Stundenplan sollte es Ihr ganz bewusster „Weiterbildungs-Slot" sein. Welcher Tag oder welches Zeitfenster dafür am besten sind, bestimmen Sie. Wichtig ist, dass in diesen 45 Minuten nur Wissenaufsaugen im Fokus steht. Sonst nichts.

Literatur

Aerzteblatt.de: Jeder Zweite fühlt sich von Burnout bedroht! vom 09.04.2018. https://www.aerzteblatt.de/nachrichten/92312/Jeder-Zweite-fuehlt-sich-von-Burnout-bedroht. Zugegriffen am 19.08.2019

Böker K-H, Demuth U (2014) E-Mail-Nutzung und Internetdienste. Betriebs- und Dienstvereinbarungen, Analyse und Handlungsempfehlungen. Bund, Frankfurt am Main

Bostelmann P (2017) Interview mit Hammer S., moment by moment, Heft 3(9)

Harari YN (2018) 21 Lektionen für das 21. Jahrhundert. C.H. Beck, München

Kabat-Zinn J (2007) Im Alltag Ruhe finden. Das umfassende praktische Meditationsprogramm. Herder, Freiburg

Klein M (2018) Ommm und tief durchatmen: Viele Deutsche sind im Achtsamkeitshype. Meditation gegen Stress, Depression und Schmerzen – funktioniert das? vom 11.03.2018. https://www.zeit.de/wissen/gesundheit/2018-03/meditation-achtsamkeit-hype-anti-stress-depression-psychologie. Zugegriffen am 20.02.2019

2

Prioritäten, oder: Papa, du fehlst mir

Wer mehr Zeit mit seinen Herzensmenschen verbringen möchte, muss im Job harte Entscheidungen treffen. Hollys „Papa, du fehlst mir" löste die Initialzündung aus, etwas zu verändern.

Frank Behrendt
Wieder so ein Abend, den die Welt nicht braucht: Ich zappte mich am Fernseher durch die Nacht. „Modernes Parkhotel in einem Wasserturm mit edlem Restaurant und hipper Backsteinbar", pries der Prospekt die Vorzüge des Mövenpick-Hotels an der Hamburger Sternschanze. Sie interessierten mich nicht. Eine Stunde vorher hatte ich meinen Kindern am Telefon gute Nacht gesagt. Und Holly hatte mit

---

Elektronisches Zusatzmaterial Die elektronische Version dieses Kapitels enthält Zusatzmaterial, das berechtigten Benutzern zur Verfügung steht https://doi.org/10.1007/978-3-658-27935-6_2. Die Videos lassen sich mit Hilfe der SN More Media App abspielen, wenn Sie die gekennzeichneten Abbildungen mit der App scannen.

ihrem kleinen Stimmchen einen Satz ausgesprochen, der mir nicht mehr aus dem Kopf ging: „Papa, du fehlst mir." Der trifft genau ins Herz und du hörst immer wieder die Stimme: „Ist es das wert, was du hier machst?" Klar, man kann nicht immer zu Hause sein, da bin ich nicht der einzige Papa oder die einzige Mama, die ihre Kinder mal nicht persönlich ins Bett bringt. Aber dennoch traf es mich. Vielleicht war es die Regelmäßigkeit, die mein neuer Job damals mit sich brachte. Die Zentrale der Firma war in Hamburg, jeden Montag hatten wir ein ganztägiges Meeting der Führungsspitze und am nächsten Tag standen Treffen mit meinen lokalen Abteilungsleitern auf dem Programm. Deshalb musste ich jeden Montag in aller Herrgottsfrühe aufstehen, mit der ersten Maschine von Köln nach Hamburg fliegen, in dem Hotel mit der hippen Backsteinbar übernachten und erst am Dienstagabend ging es zurück nach Hause.

Von Sonntagabend bis Mittwochmorgen erlebte ich meine jüngsten Familienmitglieder nicht mehr wach. Hollys Satz hatte mir den finalen Impuls gegeben, dass ich auf diese Taktung keine Lust mehr hatte. Wie vielen anderen ging es nun auch mir so: Ich wollte zwar, aber stand vor der berühmten „Wie?"-Wand.

Ich überlegte, sprach mit meiner Frau, spielte verschiedene Szenarien durch. Die Sitzung mit den anderen Chefs im Headquarter war fix. Also lag der Schlüssel der Veränderung in der Streichung der Übernachtung von Montag auf Dienstag und in einem späten Rückflug am Montagabend. Holly bekam unsere Diskussion mit und sagte: „Mal den Leuten doch einfach ein Bild und rufe sie öfter an, so wie ich Oma Tutu". „Oma Tutu" nennt Holly meine Mutter, ihre Großmutter. Die wohnt an der Nordseeküste, persönliche Treffen finden eher in den Ferien oder zu besonderen Feiertagen statt, ansonsten schreiben sich Oma und Enkeltochter kleine Briefe und sie telefonieren.

Ich weiß nicht, ob meine Abteilungsleiter ein gemaltes Bild von mir weitergebracht hätte, aber ein Austausch von „Key Facts Charts" im Vorfeld einer ausführlichen Telefonkonferenz, die ich stattdessen einführte, fanden sie klasse. Und einmal im Monat hatten wir ein ausführliches Meeting. Die vermeintliche Effizienz, die ich mir zuvor eingeredet hatte, löste sich flugs in Luft auf: Die Kosten für die vier Übernachtungen im Monat waren sogar höher als ein weiterer Flug. Und an den Meeting-Montagen war ich fortan zur Gute-Nacht-Geschichte zu Hause – ein erheblicher Zugewinn an Lebensqualität. Nach dieser Erfahrung habe ich nach und nach alle eingespielten Abläufe infrage gestellt und mich stets gefragt: Was will ich wirklich? Die Antwort war eindeutig: bei meiner Familie sein. „Dann sorge dafür, dass du es hinbekommst", war nur einer von vielen klugen Ratschlägen, die mir mein früherer Coach Bertold einst gegeben hatte.

Bis auf wenige statische Eckpfeiler lassen sich viele Dinge anders organisieren. Warum man auf seine Kinder bei elementaren Entscheidungen hören sollte und was man von ihnen in Bezug auf flexible Lösungen lernen kann, davon handelt dieses Kapitel. Kürzlich holte mich meine stärkere Präsenz an der heimischen Familienfront allerdings wie ein Boomerang ein: Mit einem zuckersüßen Lächeln fragte Holly, wann ich denn mal wieder in einem Hotel übernachten würde. Auf meine erstaunte Rückfrage erklärte sie mit ernster Miene: „Damit die Mama und ich mal wieder ganz in Ruhe unsere Lieblingsserie schauen können."

Bertold Ulsamer

„Papa, du fehlst mir." Der Satz von Holly traf genau ins Herz und führte zu der Frage: „Ist es das wert, was du hier machst?" Wir können auch den schon zur Basketball-Legende gewordenen Dirk Nowitzki hören in einem seiner ersten Interviews nach seinem Rücktritt (Nowitzki 2019):

Interviewer:	„Ihr Beruf als Profibasketballer hat Ihr ganzes bisheriges Leben bestimmt. Was wollen Sie in der Lebensmitte noch mal entdecken, das genauso viel Sinn verspricht?"
Nowitzki:	„Wenn der Verzicht sich ständig pochend meldet, dann ahnt man, worum man sich kümmern sollte."
Interviewer:	„Welcher Verzicht ist besonders schmerzhaft?"
Nowitzki:	„Die traurigsten Momente spielten sich in unserer Garage zu Hause ab. Wenn ich mal wieder aufbrechen musste und mein kleiner Sohn anfing zu weinen. Da hilft keine Erklärung, da hilft nur das Versprechen, dass man schnell wieder zurückkommt."

Wie sieht das bei Ihnen aus? Ist es Ihnen das wert, was Sie selbst machen? „Was will ich wirklich?" ist die entscheidende Frage. Machen Sie, was Sie wirklich wollen? Oder erleben Sie sich mehr als Opfer der äußeren Umstände? (Und ich finde es schade, dass ich Ihre Antwort gerade nicht hören kann!) Was ich weiß und immer wieder höre, ist, dass eine ganze Menge Menschen mit ihrem Leben und mit ihrer Arbeit unglücklich sind. Manche weniger und manche mehr. Sie fühlen sich unter Zwang: „Ich muss …". Dabei sitzen vermutlich die wenigsten Leser dieses Buchs gerade im Gefängnis ein, eingesperrt, ihrer Freiheit beraubt und von Beamten bewacht. Aber wer sich in seinem Berufsalltag als Opfer erlebt, der hört in seinem Kopf einfach immer wieder Sätze wie: „Ich sollte mehr …", „Ich müsste …", „Ich darf nicht …", „Ich kann nicht …". Das setzt unter Druck, engt ein und vermiest einem das Leben.

Was tun? Es ist keine effektive Lösung (wenn auch weit verbreitet), sich in die eigene Traumwelt zu flüchten. „Wenn ich könnte, wie ich wollte, dann würde ich …", „Wenn ich die übernächste Beförderungsstufe erreicht habe, dann …", „Mit 50 höre ich auf und wandere auf die Bahamas aus." Es hilft einem auch nichts, reflexhaft abzuwehren: „Ach, der Frank Behrendt, der hat gut reden. Der kann sich das einrichten. Ich wäre auch gern mehr für meine Familie da. Aber ich kann es mir nicht leisten." Stimmt das denn wirklich? Tatsache ist nämlich, dass wir uns oft in die Tasche lügen. Wir sind nicht ehrlich genug mit uns selbst. Und sind uns deshalb gar nicht im Klaren über unsere vielen unterschiedlichen Wünsche und Bedürfnisse, über unsere Ängste und Befürchtungen.

Ich selbst hatte in meinem Leben als Erwachsener nie das Gefühl, ein Opfer zu sein, selbst in sehr belastenden Situationen nicht, die sich lange hinzogen. Als ich NLP kennenlernte (über NLP mehr im Kap. 5) leuchtete mir sofort eine Maxime dort ein: Das, was du machst, ist das, was du im tiefsten Inneren willst. Wahrscheinlich ist es gut, diesen Satz noch ein zweites Mal ganz langsam zu lesen und ins eigene Verständnis sinken zu lassen: Sie machen das, Sie führen Ihr Leben so, wie Sie es in Ihrem tiefsten Inneren wollen!

„Aber das stimmt doch nicht!", höre ich schon den ersten protestieren. „Ich will doch etwas anderes! Ich würde so gerne aus dem Hamsterrad aussteigen! Mehr meine Beziehung leben! Mehr Stunden mit meiner Familie verbringen! Mehr für mich selbst Zeit haben!" Warum tun Sie es dann nicht? „Weil es nicht geht." Was hält Sie davon ab? „Ääh … Ich muss noch unser Häuschen abbezahlen."

Hoppla! Mit dieser Formulierung fangen Sie an, sich etwas vorzumachen. Sie MÜSSEN nicht Ihr Häuschen abbezahlen (oder den neuesten BMW oder die Safarireise oder …). Es steht ja keiner hinter Ihnen mit der Pistole in der Hand (auch Ihre Frau oder Ihr Mann nicht) und zwingt Sie, eine ungeliebte Arbeit bis zur Erschöpfung weiter zu verfolgen. Es ist IHRE Entscheidung. Sie führen Ihr Leben so, wie Sie es wollen. Denn Sie haben einfach gute Gründe dafür, wie Sie leben und wie Sie in Ihrem Unternehmen malochen. Sie WOLLEN Ihr Häuschen (BMW, Safari usw.) abbezahlen – und das ist Ihnen das Hamsterrad wert. Sie wollen zwar auch mehr die Beziehung leben oder für die Familie da sein, aber der Job und die Karriere sind Ihnen wichtiger. So einfach ist es. Und dem wollen Sie nicht ins Auge sehen! Sich als Opfer zu fühlen, ist einfach angenehmer.

Für eines meiner ersten Bücher, das sich mit dem mentalen Training befasste, interviewte ich Roland Berger, den damaligen Inhaber der gleichnamigen Beratungsgesellschaft. Auf meine Frage nach dem Preis für seinen Erfolg und seine Unabhängigkeit, antwortete er: „Das hat sich einfach so ergeben. Der Preis war sicher auch zum Teil Verzicht auf private Lebenskomponenten. Das Einzige, was ich möglicherweise im Leben anders machen würde, etwas mehr Zeit für meine Kinder und meine Frau reservieren, gar nicht so sehr für mich selbst." (Ulsamer 2004) Was mir jetzt beim Zitieren für dieses Kapitel auffällt, ist das „möglicherweise" …

„Die fünf Dinge, die Sterbende am meisten bereuen" – Das ist der Titel eines schönen Buchs von Bronnie Ware (2011), die als Palliativpflegerin arbeitete. Sie betreute Todkranke und Sterbende in ihren letzten Wochen, Tagen und Stunden und hört immer wieder dasselbe Bedauern und dieselben Selbstvorwürfe. „Ich wünschte, ich hätte nicht so viel gearbeitet" ist eines dieser fünf Dinge. Da wartet Margaret 15 Jahre darauf, dass ihr gut verdienender Mann endlich in Rente geht, um die Träume für seinen Ruhestand zu verwirklichen. Jetzt kann sie all die Reisen planen, die sie all die Jahre zusammen machen wollten! Doch dazu kommt es nicht mehr, Margaret wird krank und stirbt. „Natürlich habe ich meine Arbeit geliebt", sagt John, als Bronnie Ware seine Pflegerin wird, „aber wofür? Das wirklich Wichtige –

meine geliebte Margaret – habe ich aus den Augen verloren." John bereut, dass er zu viel darauf gab, was sein Umfeld von ihm dachte, dass er zu viel auf seine Karriere gab. „Alle Männer, die ich gepflegt habe, haben das gesagt", sagt Bronnie Ware. „Fast alle haben zu viel gearbeitet und zu wenig gelebt – weil sie Angst hatten, nicht genug Geld zu verdienen, oder ihrer Karriere wegen." (Trentmann 2012)

Jetzt wissen Sie, was die meisten am Ende ihres Lebens bereuen. Und – fassen Sie den Entschluss, Ihr Leben zu ändern? Vermutlich nicht. Denn eigentlich wussten Sie das ja schon alles vorher. Frank fragt sich: „Was will ich wirklich? Die Antwort war eindeutig: Bei meiner Familie sein." Und Ihre Antwort ist einfach nicht so eindeutig! Deswegen wird Ihre Fantasie auch keine tollen Lösungen bringen.

Woher kommt es, dass jemand so zwanghaft nach Arbeit, Leistung, Karriere und Erfolg drängt, die Bedürfnisse nach Kontakt und Nähe aber links liegen lässt? Zwei Gründe: zum einen Ängste, die sich jemand (meistens) nicht eingesteht, und zum anderen das Ausblenden der Realität des Lebens. Fangen wir mit den Ängsten an. Wenn alle in meiner Gehaltsgruppe gerade ihr kleines Häuschen (Mercedes, Botswana-Tour u. Ä.) anzahlen, abzahlen oder schon abgezahlt haben – wie komme ich mir dann vor, wenn ich nur zur Miete wohne? Das Gedankenkarussell fängt zu rotieren an: Wie schauen die anderen mich da an? Was sagen sie hinter meinem Rücken? Was sagen meine Eltern? Meine Partnerin oder mein Partner? Wie stehe ich dann vor mir selbst da?

Da sind ganz viele kleine und große Befürchtungen und Ängste, die aber nie wirklich bei Tageslicht angeschaut werden. Eine rationale Auseinandersetzung damit findet so nicht statt. Stattdessen schleichen sie im Hintergrund des Bewusstseins herum und bestimmen das Handeln. Aus diesen versteckten Ängsten entsteht eine Menge Energie und

Antrieb. Und zwar nicht in Richtung der Familie, sondern in die andere: Ja, ich will alles tun für meine Karriere! Ich will anerkannt und angesehen sein.

Das Erste, was auch fast alle Menschen vor ihrem Sterben bedauern, ist: „Ich wünschte, ich hätte den Mut gehabt, mein eigenes Leben zu leben." Die meisten tun einfach das, was die Umwelt von ihnen erwartet, oder das, von dem sie glauben, dass ihre Umwelt es von ihnen erwartet. In ihrem Buch schreibt Bronnie Ware von der verbitterten todkranken Grace, die sich immer nach den Erwartungen der anderen gerichtet hatte. Sie ringt Bronnie, ihrer Pflegerin, das Versprechen ab, „sich niemals von jemandem von dem abbringen zu lassen, was du machen willst" (Trentmann 2012). Bräuchten Sie auch so jemanden, der Ihnen ein solches Versprechen abringt? Wenn Sie dann wirklich dem todkranken Gegenüber „Ja, ich verspreche es" sagen würden – was macht das kraftvoll? Die Energie kommt daher, dass Sie das Versprechen im Angesicht des Todes leisten. Selbst, wenn Sie sich Ihre Ängste eingestehen, reicht das oft noch nicht. Sie müssen sich ein paar Grundtatsachen des Lebens stellen:

> Das Leben ist endlich.
> Es hört einmal auf und ist dann vorbei.
> Und in der Zwischenzeit ändert es sich immer wieder.
> Nichts ist wirklich beständig.
> Alles geht vorbei – langsam oder schnell.

Diese Tatsachen sind nicht als kluge philosophische Überlegungen interessant – sie sind der Stoff, auf dem unser Leben aufbaut. Der wunderbare menschliche Geist hat unter seinen vielen Qualitäten eine besonders wichtige: Er ist resistent und blendet aus, was ihm nicht in das jeweilige Gedankenkonzept passt. Das Leben ist endlich? Fühlt sich aber gar nicht so an! Die Zeit erlebe ich doch als praktisch unendlich. Und wenn ich etwas will, dann kann ich es erreichen. Das Leben ist doch beständig und steht unter meiner Kontrolle.

Deshalb die vielen Ziele und Pläne für die Zukunft – anstatt sich an der Gegenwart zu erfreuen. Wer also von der Karriere träumt, vom Häuschen, das ihn glücklich und den Nachbarn neidisch machen soll, der will diesen Traum nicht einfach aufgeben, nur um mehr für die Familie da zu sein. Familie ist doch nur der Boden und selbstverständliche Hintergrund, von dem aus sich der eigene Ehrgeiz entfalten kann.

Um aus der Welt seiner Illusionen aufzuwachen, braucht es meist eine gewaltige Erschütterung, eine heftige Krise oder einen Schock. Ein Angehöriger stirbt. Die Ehe geht in die Brüche. Ein Freund hat einen schweren Unfall. Das eigene Burnout lässt einen kollabieren. Plötzlich wird etwas deutlich, das vorher wie vernebelt war. Das, was so sicher und beständig scheint, kann wirklich jeden Moment vorbei sein. Hinterher ist es dann zu spät. Die Milch ist verschüttet. Leider schätzen wir oft erst dann etwas wirklich, wenn wir es verloren haben. Das wird dann zum Stoff „Was Sterbende bereuen", über den ein Buch gemacht werden kann. Das Buch findet seine Leserinnen und Leser, die kopfnickend bejahen „Wie wahr!" – aber dann doch nichts wirklich ändern.

Liebesbeziehungen zum Beispiel sind etwas Unbezahlbares, im Grunde ein Geschenk, das wir uns gar nicht verdient haben können. Dazu ist Liebe viel zu kostbar. Aber wir gewöhnen uns daran und stellen das Geschenk in die Ecke, lassen es verstauben, ja, vergammeln wie ein altes Kleidungsstück. „Ich dachte, meine Ehe sei gut, bis meine Frau mir sagte, wie sie sich fühlt" – das ist der wunderbare Titel eines Buchs von A.Y. Napier. Bei allen Versuchen, geschlechtsneutral zu schreiben, denke ich mir, dass der umgekehrte Buchtitel „Ich dachte, meine Ehe sei gut, bis mein Mann mir sagte, wie er sich fühlt" weniger Leserinnen finden würde. Denn es sind mehr Frauen, die sich trennen, weil sie unzufrieden sind. Und die Männer merken es nicht oder versuchen, es nach Kräften zu ignorieren.

In Deutschland war das im Jahr 2014 in 52 Prozent der Fälle so, dass die Frau die Scheidung einreichte. In 40 Prozent ging die Initiative vom Mann aus, die restlichen acht gingen einvernehmlich auseinander. In den USA ist der Trend noch stärker. In einer Studie befragte Michael Rosenfeld 2262 Menschen zwischen 2009 und 2015 mehrfach zu ihrer Beziehung (Jimenez 2015). 371 davon trennten sich, 92 ließen sich scheiden. In 69 Prozent (!) der Fälle ging die Initiative zur Scheidung von Frauen aus. Sind die Frauen vielleicht feinfühliger? Oder anspruchsvoller? Wenn das der Grund wäre, dachte Rosenfeld, dann müssten sich auch bei unverheirateten Paaren mehr Frauen trennen wollen. Keineswegs! Bei unverheirateten Paaren gab es überhaupt keinen statistisch bedeutsamen Unterschied – Frauen entschieden sich dort genauso häufig für eine Trennung wie Männer. Bei diesen Paaren waren beide Partner gleich glücklich oder unglücklich. Die Eheschließung kann jedoch Beziehungen so ändern, dass die Frauen unglücklicher werden. Kein Wunder, dass ein Zeitungsbericht unter der Überschrift steht: „Männer, passt auf eure Ehe auf!" (Focus 2015) So erwarten Ehemänner (noch immer) von ihrer Frau, die Hauptlast der Kindererziehung und Hausarbeit zu tragen – beziehungsweise übernehmen sie einfach selbst nicht genug. Damit bringt die Ehe für Frauen in dieser Hinsicht mehr Nachteile als Vorteile, während die Männer klar von der Ehe profitierten. Nur lassen sich die Frauen das offensichtlich nicht mehr lange bieten: ihren Wunsch nach einer Trennung ziehen viele, einmal dazu entschlossen, unbeirrt durch.

2 Prioritäten, oder: Papa, du fehlst mir

Vor allem ein Ergebnis, das in mehreren Studien auftrat, legt das nahe. Während junge Frauen häufiger als Männer den Wunsch äußern, im Alter zwischen 20 und 35 Jahren heiraten zu wollen, ist es bei den über 50-jährigen Singles genau andersherum. Dort würden die alleinstehenden Männer eigentlich gern wieder heiraten – die Frauen aber geben an, ganz allein auf sich gestellt glücklich und zufrieden zu sein. Wen wundert es?

Zu diesem Thema fiel mir ein altes Buch ein, das ich wieder aus meinem Bücherschrank herausholte. „Beruflich Profi, privat Amateur? Berufliche Spitzenleistungen und persönliche Lebensqualität", vor über 30 Jahren von Günter Gross geschrieben (Gross 1989), der als einer der ersten das Beziehungsthema für die Manager auf den Punkt brachte. Auf unnachahmliche Weise übertrug er das Businessdenken und die Businesssprache auf die Beziehung. Die Ehe sei ein selbstständiges Unternehmen – und keine Zweigstelle. Die meisten haben die falsche Vorstellung, dass der private Bereich wie selbstverständlich dafür da ist, die Batterien mit der Energie wieder aufzufüllen, die die Berufstätigkeit verbraucht. Das sei falsch. Die Ehe ist ein Projekt und keine Institution. Dieses Projekt erfordert Einsatz und Investitionen. Ihr Ehepartner ist außerdem „Ihr wichtigster Kunde. Ihr einziger Kunde, der auch nachts anwesend ist und beliefert wird mit Wahrheit und Zuwendung." So wie der Gewinn im Beruf zum wirtschaftlichen Überleben notwendig ist, so ist es die Zärtlichkeit, die für das emotionale Überleben im Privaten sorgt (Gross 1989, S. 28). Gehören Sie, lieber Leser – hier wende ich mich mal direkt an die Männer –, zu der Altersgruppe, für die solche Einsichten schon selbstverständlich sind? Oder würde eine größere „Kundenorientierung" vielleicht auch Ihrer Beziehung gut tun?

Jenseits von Familie und Beziehung

Familie und Beziehungen sind ein großes und wichtiges Thema für jemanden, der in seinen beruflichen Aktivitäten auf- und untergeht. Aber es ist nicht der einzige wichtige Bereich. Damit man glücklich und erfüllt lebt, sollte man auf eine Balance vier grundlegender Themen achten. Wie Nossrat Peseschkian (1983) herausgefunden hat, gilt es, kulturübergreifend, diese Lebensbereiche miteinander in Einklang zu bringen:

- Leistung
- Kontakt
- Körper/Gesundheit
- Sinn

Die natürliche Grundlage, um überhaupt Leistung erbringen zu können, ist ein gesunder Körper – Ausnahmen bestätigen die Regel. Deswegen kümmern sich immer mehr Menschen, und gerade die erfolgreichen, gezielt um ihre Fitness. Wer Gesundheit und Körper vernachlässigt, der kann eine Zeitlang „vom Kapital" zehren, vor allen in jungen Jahren. Aber irgendwann ist das aufgebraucht und dann kommen Beschwerden, Krankheiten, Burnout.

Kontakt ist die emotionale Grundlage für ein erfülltes Leben. Gute Kontakte auf vielen Ebenen sind eine lebensnotwendige Nahrung. Dazu gehören das gute Arbeitsklima und der Umgang mit den Kollegen genauso wie ein unterstützender Freundeskreis. Kernbereich sind Partnerschaft und Familie.

Die Frage nach dem Sinn des Ganzen ist der vierte zentrale Bereich. Jeder von uns hat Werte, die zu verwirklichen für ihn Sinn macht. Nur Leistung, die eingebettet in die eigenen Werte ist, erhält Bedeutung für die eigene persönliche Entwicklung. Denn es kann wohl nicht der einzige Sinn eines jahrzehntelangen intensiven beruflichen

Engagements sein, auf dem hartumkämpften Waschmittel-, Auto- oder Cola-Markt (hier können Sie Ihr eigenes Produkt einsetzen) den Umsatz der eigenen Marke um fünf Prozent gesteigert zu haben. Dann doch lieber gleich als Lebenswerk am Strand bei Ebbe Sandburgen bauen!

Die drei Bereiche Körper/Gesundheit, Kontakt und Sinn sind wichtige Voraussetzungen für eine dauerhaft erfolgreiche Leistungsbilanz. Aber unabhängig davon hat jeder Bereich seinen Eigenwert und schafft seine eigene Befriedigung. Wer gerne Sport treibt, wer es liebt, schönes Essen zu genießen, der macht das nicht um der Leistung wegen, sondern findet einen eigenen Sinn in dem, was er tut. Und schöne Stunden mit guten Freunden oder mit der Familie zu verbringen, hat vielleicht einen höheren persönlichen Wert als die nächste kleine Gehaltszulage.

Was wollen Sie davon in Ihrem Leben? Auf die grundsätzliche Frage läuft es wieder hinaus. In Seminaren habe ich manchmal eine kleine Übung gemacht (die können Sie gleich selbst machen). Stellen Sie sich vor, Sie sind inzwischen ein alter weiser Mann oder eine alte weise Frau geworden. Nun schauen Sie auf Ihr Leben zurück. Was erfüllt Sie dabei mit Zufriedenheit? Was genau haben Sie getan? Oder was gelassen? Damit höre ich auf, auf Sie einzuhämmern. Vielleicht ist etwas in Ihnen ins Überlegen gekommen, vielleicht nicht. Im zweiten Fall haben Sie vielleicht Glück und erleben bald einen Schock.

Flexibilität und der Preis, der zu bezahlen ist

Es war die Idee von Holly, die, vom Papa kreativ umgewandelt, zu einer neuen, besseren Lösung half. Dazu stellte Frank nach und nach alle eingespielten Abläufe infrage, um mehr bei der Familie sein zu können. Weil das sein eindeutiges Ziel war.

Wie sieht das bei Ihnen aus? Was ist Ihr Ziel? Wie viel Flexibilität und Kreativität Sie einsetzen können, hängt natürlich von den konkreten Lebensumständen ab. Das Spektrum ist groß. Am einen Pol steht der selbstständige, gut ausgelastete Unternehmensberater mit Aufträgen, die er sich aussucht, am anderen Pol der LKW-Fahrer aus Bulgarien, der wochenlang von seiner Familie getrennt ist, nur um einen Hungerlohn zu verdienen. Dann gibt es die vielen anderen, die irgendwo dazwischen stehen.

Je größer der eigene Spielraum, desto größer die Flexibilität und die kreativen Möglichkeiten. Und was, wenn der Spielraum klein ist? Dann ist es eine Frage des Preises, den ich zu bezahlen bereit bin. Wobei es manchmal auch nur um ein Risiko geht, das ich eingehe. Um den Preis zu bestimmen, muss ich mir selber einige Fragen stellen und beantworten: Was ist mir mehr Kontakt mit meiner Familie (oder mehr Freizeit, mehr Sinn usw.) wert? Wenn ich neue Prioritäten setze – was muss ich dafür aufgeben? Wie wichtig ist mir Karriere? Wie groß ist das Risiko, das ich mich getraue dafür einzugehen? Und wenn Sie sich noch tiefer erkunden wollen, können Sie weiter fragen: Warum eigentlich ist mir Karriere so wichtig? Wozu? Woher kommt diese Einstellung? Wie weit bin ich von meiner Herkunft (bisher) geprägt? Und weil es auch um die aktuelle Familie geht, ist es sinnvoll und richtig, nicht einsame Entscheidungen zu fällen, sondern im Gespräch mit der Partnerin oder mit dem Partner die gemeinsamen Vorstellungen und Wünsche für die Zukunft zu klären.

Die Fakten sprechen dafür, dass die alten Modelle – Papa geht arbeiten, Mama passt auf die Kinder auf – eine größere Beharrungskraft haben, als wir uns zugestehen (Maas 2019). Männer nehmen heute immer noch deutlich seltener und kürzer Elternzeit als Frauen (Bundesministerium für Familie, Senioren, Frauen und Jugend 2016, S. 20 f.). 35,9 Prozent der deutschen Väter nehmen Elterngeld in Anspruch. Das zeigt einen deutlichen Aufwärtstrend: 2008 waren es nur 20,8 Prozent. Wirklich lange bleiben aber die wenigsten Väter für die Familie zu Hause: Im Durchschnitt beziehen Papas 3,7 Monate Elterngeld. Die Zeit, in der sie tatsächlich nur beim Kind sind, dürfte aber noch darunter liegen, weil das sogenannte ElterngeldPlus in die Zahlen einbezogen ist. Damit dürfen die Väter in Teilzeit weiterarbeiten. Zum Vergleich: Mütter beziehen nach derselben Berechnungsmethode im Durchschnitt über 13 Monate Elterngeld. Dabei wünschen sich 79 Prozent der Väter mehr Zeit für ihre Familie. Bei den 18- bis 29-Jährigen sind die Sehnsucht nach Zeit mit der Familie und der Wunsch nach Teilhabe an der Erziehung am größten.

Doch als Mann diese Zeit zu bekommen, ist oft schwerer, als man denkt. Im Väterreport des Bundesfamilienministeriums heißt es: Ein Fünftel der Männer hätte gerne Elternzeit genommen – und seien es nur die zwei Partnermonate –, traute sich wegen Abstiegsangst und Druck durch Chefetage und Kollegen aber nicht, sie einzufordern. Familienforscher Harald Rost von der Universität Bamberg dazu: „Die Vereinbarkeit von Familie und Beruf ist für Männer immer noch schwieriger, weil Geschäftsleitung, Personalverantwortliche und Kollegen davon überzeugt werden müssen. Es ist bisher leider noch keine gesellschaftliche Normalität." (Jimenez 2015)

Männer sind trotz der geänderten Rollenvorstellungen immer noch in drei Vierteln der deutschen Haushalte Hauptverdiener in der Familie. Besonders junge und einkommensschwache Familien können sich die Einbußen beim Hauptgehalt schlicht nicht leisten. Gerade in Großstädten müssen oft beide Partner arbeiten, um die Miete zu bezahlen. Viele Väter stocken deshalb nach der Geburt ihre Stunden noch auf, so eine Studie des Familienministeriums. Am Ende werden vielleicht noch immer Frauen in die Rolle der Hausfrau und Männer in die Rolle des Versorgers gedrängt. Dass ihnen dabei etwas Lebensqualität verloren geht, ist den meisten inzwischen bewusst.

Wenn Sie also etwas ändern wollen, um das zu verwirklichen, was Ihnen am Herzen liegt, dann brauchen Sie Entschlossenheit, Beharrlichkeit, Mut und Einfallsreichtum. Wenn dieses Buch als Inspiration dazu beiträgt, freuen wir uns!

Wann man auf seine Kinder hören sollte

Kinder sind unschuldig und haben einen klaren Blick. Das schildert eindrücklich Hans Christian Andersen im Märchen „Des Kaisers neue Kleider". Darin haben Betrüger einem eitlen Kaiser eingeredet, sie hätten wunderbare, farbenprächtige neue Materialien für ein Gewand entwickelt. Und zudem besäßen sie die wunderbare Eigenschaft, dass sie für jeden Menschen unsichtbar wären, der nicht für sein Amt tauge oder der unverzeihlich dumm sei. Die Betrüger tun so, als ob sie ein unsichtbares Kleid weben. Und es kommt, wie es kommen musste: Keiner traut sich zuzugeben, dass er gar nichts sieht. Selbst der Kaiser nicht! Er ging unter dem prächtigen Thronhimmel in Unterwäsche durch die Straßen, und alle Menschen auf der Straße und in den Fenstern sprachen: „Gott, wie sind des Kaisers neue Kleider unvergleichlich; welche Schleppe er am Kleide hat, wie schön das sitzt!" Keiner wollte es sich anmerken lassen, dass er nichts sah. „Aber er hat ja nichts an!", sagte endlich ein kleines Kind. „Herr Gott, hört des Unschuldigen Stimme!", sagte der Vater; und der Eine zischelte dem Andern zu, was das Kind gesagt hatte. „Aber er hat ja nichts an!", rief zuletzt das ganze Volk. Das ergriff den Kaiser, denn es schien ihm, sie hätten Recht; aber er dachte bei sich: „Nun muss ich die Prozession aushalten." Und die Kammerherren gingen noch straffer und trugen die Schleppe, die gar nicht da war.

Sollen wir Kinder Entscheidungen für unsere Familie treffen lassen? Zum Beispiel: Scheidung ja oder nein? Das nicht. Aber ihnen aufmerksam und gut zuhören. Und dann auf das eigene Herz hören und die bestmögliche Entscheidung treffen!

Take-aways aus diesem Kapitel für Ihren Alltag

Frank Behrendt
Was Sie tun können, um Prioritäten richtig zu setzen:

- **Entscheidungen treffen:** Kauf ich oder kauf ich nicht? Mache ich den Damentausch oder nicht? Beim Spielen trifft jeder von uns Entscheidungen. Beim Monopoly die Parkstraße kaufen, auch wenn das Geld knapp ist, oder doch lieber verzichten? Beim Schach die Dame des Gegners schlagen, auch wenn klar ist, dass die eigene dann auch weg ist? Eine Entscheidung muss her, sonst geht das Spiel nicht weiter. Was tut der Spieler? Er wägt ab, checkt seine Lage, kalkuliert das Risiko und dann wird entschieden. Nicht anders ist es oft im Berufsleben. Auch da werden täglich jede Menge Entscheidungen getroffen. Zugegeben, auch viele falsche. Aber kluge Chefs ermuntern ihre Mitarbeiter, überhaupt etwas zu entscheiden, denn sie wissen, nichts ist schlimmer als Entscheidungsschwäche, denn damit kommt keiner weiter. Im Privatleben tun wir uns dagegen oft schwer, Entscheidungen zu treffen. Wir befürchten schlimmere Folgen, oft haben wir da auch niemanden, der uns proaktiv ermuntert, klar Position zu beziehen. Sicher, Partner und Freunde regen an, raten, aber sie sind nicht der Chef, sondern eher auf Augenhöhe. Ein guter Chef stellt sich vor seine Mitarbeiter, auch bei Fehlern. Wer das weiß, hat keine Angst zu entscheiden, denn er kann sich auf seinen Vorgesetzten verlassen. Im Privatleben ist man Mitarbeiter und Chef in einer Person, man muss sich also selbst decken. Dazu gehört Mut. Schreiben Sie einmal drei Dinge auf, die Sie gerne in Ihrem Leben ändern würden. Und dann schreiben Sie rechts die Risiken auf, die damit verbunden sein könnten, zum Beispiel bei Selbstständigkeit „weniger Geld". Auf die linke Seite unter Ihren Wunsch schreiben Sie auf, was Sie gewinnen könnten, „mehr Freiheit" und „mehr Spaß" zum Beispiel. Und dann treffen Sie wie beim Spiel eine Entscheidung – und wenn die positiven Faktoren Sie in Summe mehr überzeugen als die Risiken, dann gehen Sie das Projekt an. Sie müssen es nicht von heute auf morgen machen, aber Sie sollten sich ein klares Ziel setzen, zum Beispiel in einem halben Jahr. Und eins ist sicher: Selbst wenn der Plan diesmal scheitert, nehmen Sie einen neuen Anlauf. Denn das Spiel beginnt immer wieder von vorne.

- **Kleine Schritte:** Oft nehmen wir uns viel vor, gerade am Jahresende wächst der Turm der guten Vorsätze in den Himmel. Wenn wir nach ein paar Monaten den Film zurückspielen würden, ist aus dem Turm ein winziger Hügel geworden, wenn überhaupt. Ob im Privatleben oder im Job: Wer sich zu viele Projekte auf einmal aufhalst, scheitert. Er verirrt sich im Netz der vielen Fäden, die er gleichzeitig spinnen möchte. Ein Jongleur beginnt mit zwei Bällen, dann kommt ein dritter dazu. Wenn er mit denen sicher ist, addiert er einen vierten. Viele von uns starten mit fünf oder mehr Bällen gleichzeitig und wundern sich dann, dass nicht mal zwei in der Luft bleiben. Grundschullehrer gestalten ihren Unterricht so, dass Kinder sich nach und nach etwas erschließen. Das eine baut auf dem anderen auf. Ich habe mal in einem Interview einen ganz einfachen Satz gesagt, der sehr populär geworden ist: „Nicht groß vornehmen, sondern klein umsetzen." Genau darum geht es. Kleine Schritte, einer nach dem anderen. Wenn jemand mehr Zeit mit der Familie verbringen möchte, macht es keinen Sinn, sich in Anbetracht eines vollen Terminkalenders vorzunehmen, jeden Abend früh nach Hause zu kommen. Vornehmen kann man es sich und es ist auch nett gedacht, die Realität wird die Wünsche aber schnell kassieren. Sinnvoller ist es daher, sich erst einmal einen Abend vorzunehmen, an dem man zum Beispiel regelmäßig um eine bestimmte Uhrzeit aus dem Büro nach Hause kommt. Ich habe das jahrelang mit einem „Daddy-Dienstag" praktiziert, um nach dem Scheitern meiner ersten Ehe mehr Zeit unter der Woche mit meiner Tochter zu verbringen. Jeden Dienstag um Punkt 12:30 Uhr verließ ich das Büro. Ich habe das natürlich mit meinen Kollegen abgestimmt. Sie wussten, dass ich nach einem Papa-Tochter-Nachmittag meine für den Dienstag vorgesehenen Aufgaben am Abend erledigen würde. Es hat hervorragend geklappt, alles hat sich nach kurzer Zeit hervorragend eingespielt, Termine wurden nie auf den Dienstagnachmittag gelegt und ich habe meine To-dos immer pünktlich erledigt, sodass am Mittwochmorgen alles vorlag und die Job-Maschine störungsfrei weiterlief. Das Zauberwort heißt Kommunikation, wenn etwas verändert werden soll. Und der eigene Einsatz: absolute Verlässlichkeit. Sprechen Sie mit Chefs und Kollegen über eine mögliche kleine Veränderung, die Ihnen viel bedeuten würde. Und dann schlagen Sie vor, wie es gehen könnte. Zum Schluss ein Test in der Praxis. Wenn er funktioniert, kann es dauerhaft umgesetzt werden. Wenn es hakt – optimieren. Genauso, wie man es bei jedem Projekt im Job schließlich auch macht.

- **Aufträge analysieren:** Entscheidungen zu treffen und Prioritäten konsequent zu setzen, ist immer eine Herausforderung und im echten Leben härter als bei einem Brettspiel. Am Ende geht es immer um einen Konflikt, nämlich den, es allen recht zu machen. Wer das versucht, wird früher oder später scheitern, denn er ist eben nur ein Mensch und nicht unendlich belastbar. „Heute zerren wieder alle an mir", pflegt eine alleinerziehende Mutter aus meinem Bekanntenkreis oft zu sagen. Sie meint damit die Erwartungen, die Kollegen, Chefs, ihre Kinder, Freunde und Eltern an sie stellen. Weil sie ein netter Mensch ist, möchte sie niemanden enttäuschen und hetzt durchs Leben, versucht, so gut es geht, alle happy zu machen. Auf der Strecke bleibt sie am Ende selbst. „Ich habe nie Zeit für mich" ist ein weiterer ihrer Aussprüche, den ich im Ohr habe. Der Diplom-Psychologe Rainer Müller hat in der lesenswerten Spiegel-Online-Serie „Sollte ich …" rund um Konflikte im Berufsleben einen klugen Rat gegeben: Er empfiehlt das „Auftragskarussell", um sich einen Überblick über die individuellen beruflichen und privaten Belastungen zu verschaffen. Dabei werden alle „Aufträge", die man von allen Erwartungspartnern bekommt, auf kleine Kärtchen geschrieben, die man im Kreis auslegt. Was erwarten Kollegen? Partner? Kinder? Eltern? Und schließlich: Was erwartet man von sich selbst? Wenn man diese Vielzahl von Erwartungen auf einen Blick sieht, wird schnell klar, dass das Karussell sich nicht ewig so weiterdrehen kann. Daher muss Ballast von Bord. Und dazu müssen Entscheidungen getroffen werden: Welche Aufträge kann ich annehmen, sodass es mir noch gut geht? Welche Aufträge müssen dennoch erfüllt werden – aber wie könnte eine alternative Erledigung aussehen? Zum Beispiel: Hilfe von Freunden, Verwandten, Nachbarn organisieren. Welche Aufträge kann ich in Zukunft nicht mehr leisten? Von denen muss man sich verabschieden, auch wenn es schwerfällt. Als To-do nimmt man sich jedes einzelne Kärtchen vor, streicht durch, verändert den Text. Am Ende liegt ein neues Bild vor einem. Es hat viele Fragen im Kopf geordnet und zeigt, was ein zuvor überlasteter Mensch leisten kann und möchte. Das Karussell kann sich weiterdrehen, aber so, dass es nicht stehen bleibt. Probieren Sie es mal aus.

Podcast

Bitte scannen Sie diese Zeichnung mit der SN More Media App, um den Podcast anzuhören.

Literatur

Bundesministerium für Familie, Senioren, Frauen und Jugend (2016) Männer-Perspektiven. Auf dem Weg zu mehr Gleichstellung? https://www.bmfsfj.de/blob/115580/5a9685148523d2a4ef12258d060528cd/maenner-perspektiven-auf-dem-weg-zu-mehr-gleichstellung-data.pdf. Zugegriffen am 01.06.2019

Focus (2015) Männer, passt auf eure Ehe auf. Warum Frauen öfter die Scheidung einreichen 31.08.2015. https://www.focus.de/gesundheit/videos/maenner-passt-auf-eure-ehe-auf-warum-frauen-oefter-die-scheidung-einreichen_id_4903951.html. Zugegriffen am 16.04.2019

Gross GF (1989) Beruflich Profi, privat Amateur? moderne industrie, Landsberg/Lech

Jimenez F (2015) Warum Frauen viel öfter die Scheidung einreichen, veröffentlicht 09.09.2015. https://www.welt.de/gesundheit/psychologie/article146176965/Warum-Frauen-viel-oefter-die-Scheidung-einreichen.html. Zugegriffen am 18.05.2019

Maas S (2019) Junge Väter in Elternzeit: „Vereinbarkeit ist für Männer immer noch schwieriger" vom 14.03.2019. https://www.bento.de/politik/elternzeit-als-vater-warum-es-als-mann-schwieriger-ist-elternzeit-zu-nehmen-a-fd479c54-a89e-42ac-8151-a87b3fe30983. Zugegriffen am 21.05.2019

Nowitzki D (17. April 2019) im Gespräch mit Gilbert C, „Langsam sickert die Leere durch". DIE ZEIT Nr. 17

Peseschkian N (1983) Auf der Suche nach Sinn. Psychotherapie der kleinen Schritte. Fischer, Frankfurt am Main

Trentmann N (2012) 5 Dinge, die Sterbende am meisten bereuen vom 05.02.2012. https://www.welt.de/vermischtes/article13851651/Fuenf-Dinge-die-Sterbende-am-meisten-bedauern.html. Zugegriffen am 12.05.2019

Ulsamer B (2004) Erfolgstraining nicht nur für Manager. Mit NLP und Mentalem Training zu beruflichem Erfolg und innerer Zufriedenheit. bod, Norderstedt. Reprint von Erfolgstraining für Manager: Ihr Mentalkurs zur Spitzenleistung, Econ

Ware B (2011) Die fünf Dinge, die Sterbende am meisten bereuen. arkana, München

3

Fantasie, oder: Herr Langlöffel fährt Bimmelbahn

Wenn Kinder spielen, sind sie oft in ihrer eigenen Welt. Schade, dass Erwachsene damit aufhören. Anker von früher können helfen, berufliche Klippen zu meistern.

Frank Behrendt
Jeder normale Sammler würde die Hände über den Kopf zusammenschlagen, laut schreien oder zumindest Schnappatmung bekommen über das, was ich meinen Kindern erlaubt: In meinem Keller habe ich eine umfangreiche Spielzeugsammlung zusammengetragen. Cowboy- und Indianerfiguren aus den Siebzigerjahren, mit denen ich als Junge begeistert gespielt habe. Heute sind die kleinen Spritzgussmännchen zum Teil so wertvoll wie sündhaft teure Weine auf Auktionen. Auch die Originalpackungen, die in den vergessenen Lägern pleite gegangener Geschäfte entdeckt wurden, kosten heute ein kleines Vermögen. Meine Kinder haben früh gelernt, was mir die Spielzeuge im „Räumchen", oder dem „heiligen Gral", wie meine Frau mein Sammelzimmer mit einem leicht spöttischen Grinsen

bezeichnet, bedeuten. Der Raum faszinierte meine Kinder von frühester Kindheit an. Vielleicht lag es daran, dass es darin so aussieht wie in einem Spielzeuggeschäft der Träume. Alles ordentlich in Regalen und Vitrinen aufgebaut, bunte Farben, prächtige Packungen und dazu eine unglaubliche Ruhe. Nicht mal Handyempfang hat der fensterlose Kellerraum.

Auf dem Boden fährt eine batteriebetriebene Eisenbahn. Holly liebt es, damit zu spielen. Dabei entwickelt sie fantasievolle Geschichten, die mich jedes Mal erheitern. Kürzlich fuhr ein gelbgrüner Indianer, der aus einer Wundertüte meiner Kindheit stammte, mit der Bahn von Mississippi nach Santa Fé. An Bord: „Herr Langlöffel". Woher der Name kam, war nicht ermittelbar. „Er heißt nun mal so", erklärte Holly und damit war es so. Herr Langlöffel wollte seine Mutter besuchen, die in einem Zelt wohnte. Als Geschenk hatte er einen Kaktus dabei. Lauter nicht logische Dinge, die auch nichts mit der aufgebauten Wild-West-Welt zu tun hatten. Holly blendete sie einfach aus. Das kann sie auch außerhalb meines Kindheits-Memoriam-Zimmers hervorragend.

Unvergessen ihr Lieblingsspiel aus frühen Kindertagen, das stets mit dem gleichen Satz eröffnet wurde: „Nur so ein Spiel, ich wäre wohl ein Babykrokodil …" Der oder die Mitspieler wurden dann zu Krokodileltern, -schwestern, -freunden. Warum? „Einfach so."

Ich liebe diese kindliche Logik, die Dinge einfach als gegeben festlegt. Ohne tieferen Sinn, ohne eine nachvollziehbare Erklärung. „Einfach so" heißt übersetzt: „Akzeptiere die Dinge so, wie sie sind." Eine für manche Gelegenheiten im Leben extrem hilfreiche Einstellung. Warum wir auch als Erwachsene mit – oder auch ohne – die Hilfe unserer Kinder wieder mal in Fantasie- und Spielwelten abtauchen sollten, um Distanz zur nicht immer erfreulichen Realität zu finden, davon handelt dieses Kapitel.

3 Fantasie, oder: Herr Langlöffel fährt Bimmelbahn

Ich entsinne mich gerne der schönsten Geburtstage meiner Kinder. Das waren nicht die, die in irgendwelchen Hallen mit Standardprogrammen stattfanden, sondern welche, die kleine Abenteuerreisen beinhalteten. Ein Anbieter, der einen solchen Geburtstag organisierte, heißt „Querwaldein" – schon der Name hebt sich von der breiten Masse der Event-Organisatoren ab. Wie der Name schon vermuten lässt, fand der Geburtstag im Wald statt. Alle kleinen Gäste wurden zu geheimnisvollen Waldgeistern, die sich Häuser aus Ästen bauen mussten und die Schätze des Waldes zusammentrugen. Es war wunderbar zu sehen, wie die Kinder, abseits von Walt-Disney- und Phantasialand-Welten die Fantasiegeschichte ihrer Instruktoren annahmen und Helden eines eigenen Abenteuers wurden, das sie nicht aus dem Fernsehen oder einem Computerspiel kannten. Alle kleinen Gäste schwärmten zu Hause voller Begeisterung von diesem „total tollen Waldgeburtstag" und hüteten ihre wertvollen eingesammelten „Zauber-Tannenzapfen" wie einen Schatz. Die Buchungen bei „Querwaldein" durch Vertreter unseres Bekanntenkreises gingen in den nächsten Monaten steil nach oben.

Bertold Ulsamer
Der menschliche Verstand ist ein Wunderwerk! Gerade haben wir noch von Kammerherren gelesen, die eine Schleppe trugen, die gar nicht da war. Dieses Kapitel ist eine Ermunterung zur kindlichen Logik, Dinge einfach zu akzeptieren und auch mal in Fantasie- und Spielwelten abzutauchen.

Beginne ich aber zunächst mit der Gegenposition. Denn ein Satz von Frank über Holly und ihre Fantasiewelt ließ mich erst einmal nicht los: „Ich liebe diese kindliche Logik, die Dinge einfach als gegeben festlegt. Ohne tieferen Sinn, ohne eine nachvollziehbare Erklärung." Verbunden mit seinem Hinweis, dass diese Einstellung für manche Gelegenheiten im Leben extrem hilfreich ist.

Wie oft spielen sich schwer verständliche Rituale in Unternehmen ab? Da wurde irgendwann von irgendwem etwas festgelegt. Und inzwischen läuft das weiter und weiter. Ohne tieferen Sinn, ohne eine nachvollziehbare Erklärung, manchmal schon wie ein absurdes Theater, das nicht hinterfragt wird. Wieder ein neues Change-Management-Projekt! Und der Kaiser trägt unsichtbare Kleider, die aber jeder zu sehen vorgibt. Kommt Ihnen das bekannt vor? Und nehmen Sie das einfach als gegeben hin? Denn wer nachfragt, fällt nur unangenehm auf. Doch dazu später in Kap. 7 noch mehr.

Kraftquellen aus der Kindheit

Die eigene Fantasie kann zum Rückzugs- und Erholungsort werden. Leider haben Erwachsene ihre Fantasiewelt oft verkümmern lassen. Dabei steht ihnen diese Welt immer noch offen. Für jeden sieht sie anders aus, denn sie ist ein persönlicher Teil des Lebens. Hier sind die kindlichen Sehnsüchte verborgen. Wie sieht Ihr eigenes „Spielzeuggeschäft der Träume" aus? Nicht in jedem stehen Cowboy- und Indianerfiguren herum. In manchen stehen Rennautos in den Regalen oder Feuerwehruniformen, Fußbälle, Feenkleider oder … oder … oder … Beim Schreiben schaue ich gerade zurück zu meinen eigenen Träumen als Kind. Was war da? Der Zirkus fällt mir ein, der zweimal im Jahr in meiner Kleinstadt vorbeikam. Ich träumte davon, abzuhauen und mitzureisen durch die Welt mit all den vielen Tieren und Akrobaten. Was tat mir das Herz weh, wenn der Zirkus wieder weiter zog – ohne mich!

In solchen alten Erinnerungen und Wünschen steckt ein großes Potenzial. Es sind Werte darin verborgen, die uns lebendig und ein Stück weit glücklich machen können. Natürlich sieht das dann (meist) nicht genauso wie im

3 Fantasie, oder: Herr Langlöffel fährt Bimmelbahn

ursprünglichen kindlichen Traum aus. Ich könnte heute beim nächsten Zirkus, der durch meinen Wohnort Freiburg kommt, anfragen, ob ich mitziehen kann. Vielleicht müsste ich etwas bezahlen – das würde ich mir leisten – und dann bekäme ich einen Platz in einem Wohnwagen. Und nun den Kindertraum verwirklichen: Auf in die Welt! Ob ich damit jetzt lange zufrieden wäre? Gut, Tiere mag ich immer noch. Aber der Rest? Vermutlich nicht so prickelnd, wie ich es mir als Kind ausgemalt hatte.

Die Kunst des Erwachsenen ist es, die Qualitäten zu bestimmen, die in diesen Wünschen stecken. Welche Stichworte fallen mir zu meinen Zirkusträumen ein? Freiheit, Ungebundenheit, in der Manege stehen, Abenteuer, Tiere, neue Orte und Menschen. Und die nächste Frage ist: Wo lebe ich das heute? Wie lautet Ihre Antwort auf die gleiche Frage? So etwa: „Eigentlich lebe ich nichts oder nur ganz wenig von meinen alten Träumen und ihren Qualitäten." Schade. Denn Träume befreien von dem Korsett der Logik und des Althergebrachten. Sie sind dann hilfreich, wenn sie zumindest ein Samenkorn enthalten, das uns ins Handeln bringt. Damit kommen sie im tatsächlichen Leben an und bleiben nicht nur im Kopf. Es wäre möglich – aber will ich wirklich mit dem nächsten Zirkus weiterziehen?

Träume können aber auch als Flucht benutzt werden. Das ist in Ordnung, wenn kein Handeln möglich ist. Wenn ich im Gefängnis sitze, dann ist es schön, davon zu träumen, wie es hinterher in der Freiheit sein wird. Wenn ich mich aber Tag für Tag zu einer ungeliebten Arbeit schleppe und davon träume, wie schön es wäre, nach einem Lottogewinn auf Teneriffa unter Palmen zu liegen, dann hindert mich dieser Traum am Handeln. Ich beame mich weg von der Realität, um ihr nicht ins Auge zu sehen. Ich leide, fühle mich als Opfer und weiche Veränderungen aus. Kann ich den Luftballon meines Traums näher zur Erde herunterziehen? Oder war es nur eine Seifenblase, die dann zerplatzt?

Aber ist es überhaupt sinnvoll, als Erwachsener zu den kindlichen Seiten zurückzuschauen? Ist es nicht besser, vernünftig und mit beiden Beinen auf dem Boden die Zukunft zu planen?

Unser Verstand braucht manchmal einen Rahmen, damit er auch verrücktere Ideen genehmigt. Der Mensch ist kein harmonisches Ganzes, sondern ein Konglomerat aus verschiedenen Teilen und Motiven, die sich in verschiedene Richtungen bewegen wollen. Jeder Mensch steht immer wieder vor Entscheidungen und erlebt, dass er in verschiedene Richtungen gezogen wird. Im letzten Kapitel haben wir die Zerrissenheit zwischen Familie und Beruf angeschaut. Da gibt es unterschiedliche innere Stimmen im Kopf, manchmal tauchen Bilder auf und all das zusammen löst gute oder schlechte Gefühle aus.

Schon Sigmund Freud sprach von den drei Instanzen in uns, dem Über-Ich, dem Ich und dem Es. Ein ähnliches praxisnahes Modell hat Eric Berne Mitte des 20. Jahrhunderts in seiner Transaktionsanalyse entwickelt. Ursprünglich ging es Berne darum, wie zwischenmenschliche Kommunikation abläuft, aber alle Beobachtungen treffen auch auf unser Innenleben zu. Drei verschiedene Ich-Zustände (analog dem Modell von Freud) lassen sich klar unterscheiden:

- das Erwachsenen-Ich
- das Eltern-Ich
- das Kind-Ich

Jeder Satz, den jemand äußert, kann einem dieser Zustände zugeordnet werden. Es kommt auf den Tonfall an, den Inhalt und die Wortwahl, aber auch auf die vorgestellte Haltung, Mimik und Gestik, welchem Ich-Zustand ein Satz zuzuordnen ist. Wir reden so mit anderen, aber wir reden auch so mit uns selbst.

3 Fantasie, oder: Herr Langlöffel fährt Bimmelbahn

Im Erwachsenen-Ich finden wir all die Informationen, die wir als Erwachsene geben und bekommen („Es ist jetzt gerade 17:30 Uhr. Um pünktlich zum Abendessen zu Hause zu sein, muss ich mich jetzt auf den Weg machen."). Das ist die wichtige sachliche und vernünftige Instanz im Berufs- und Privatleben.

Das Eltern-Ich fühlt sich immer groß und spricht zu einem Kind. Lebensnah wird das Eltern-Ich in ein kritisches Eltern-Ich und ein fürsorgliches Eltern-Ich unterteilt. Sätze, mit denen wir uns Druck machen, kommen aus dem kritischen Eltern-Ich („Das war jetzt so dumm von dir!", „Du solltest mehr für deine Kinder da sein!"). Das fürsorgliche Eltern-Ich hingegen lobt, ermuntert und tröstet mit einer sanfteren Stimme („Andere machen auch Fehler.", „Du schaffst das schon.").

Im Kind-Ich stecken all die kindlichen Sätze und Verhaltensweisen. Es lässt sich sinnvoll in drei Teile unterscheiden: einmal das angepasste Kind-Ich, das ganz und gar folgsam auf das kritische Eltern-Ich reagiert („Ich mach das nie wieder.", „Oh, was bin ich dumm und schlecht."), dann das rebellische Kind-Ich („Ich mag aber nicht!") und schließlich – und damit sind wir bei dem Ich-Anteil für dieses Kapitel – das freie Kind-Ich („Ich möchte mehr spielen."). Im freien Kind sind alle ursprünglichen, spontanen Impulse enthalten. Hier wohnen Intuition, Kreativität und Freude. Schauen wir die Begeisterung von Holly an: „Nur so ein Spiel, ich wäre wohl ein Babykrokodil …". Der oder die Mitspieler wurden dann zu Krokodileltern, -schwestern, -freunden. Warum? „Einfach so." Das ist das freie Kind. Aber wir müssen kein Kind sein, um das freie Kind zu leben. Das sehen wir beim Papa, der aufblüht, wenn er mit seinen Cowboy- und Indianerfiguren in Fantasie- und Spielwelten abtaucht.

Da war am Nachmittag ein unerfreuliches Meeting. Manchen geht so ein Ereignis noch den ganzen Abend quälend im Kopf herum. Anders, wenn jemand in seinem

Spielzeuggeschäft der Träume Regale und Vitrinen betrachtet, sich an den bunten Farben und den prächtigen Packungen erfreut. Und dazu eine unglaubliche Ruhe erlebt! So ist das freie Kind auch für jeden Erwachsenen eine unschätzbare Kraftquelle.

Das Dilemma in der heutigen Zeit: Wir stecken fast dauerhaft fest im vernünftigen, logischen, planenden Erwachsenen-Ich. Die restliche Zeit hören wir das kritische Eltern-Ich an, das uns antreibt, negativ beurteilt und kontrolliert. Beide sind zur Hauptinstanz geworden und damit verlieren wir den Zugang zu unserer Lebensfreude und Lebendigkeit. Der graue oder stressige Alltag hat uns fest im Griff. Alle inneren Anteile sind wichtig und nützen uns. Sie sollten in eine gesunde Balance kommen, sodass jede Seite zu ihrem Recht kommt – auch und gerade das freie Kind!

Mentale Ressourcen in der Gegenwart

Fantasie ist etwas Kostbares – wenn sie richtig genutzt wird. Sie kann neue Räume und Möglichkeiten öffnen. Es hat zuerst den Traum gebraucht, dass ein Mensch auf dem Mond stehen kann, um das Unternehmen überhaupt anzupacken. Aber das allein reicht nicht. Es gehört eine gewisse Intelligenz oder, besser gesagt, Lebensklugheit dazu. Jemand braucht zusätzlich einen realistischen Blick auf die Welt, ihre Chancen und Gefahren. Dann kann er sich entscheiden, ob und wie er etwas anpackt. Dabei hilft die sogenannte Walt-Disney-Strategie, die der NLP-Trainer Robert Dilts entwickelt hat. Walt Disney kennen die meisten von früher über Mickey-Mouse-Hefte, Filme oder heute über die Disneyland-Vergnügungsparks. Was waren die Voraussetzungen seiner einzigartigen Mischung aus Kreativität und geschäftlichem Erfolg?

3 Fantasie, oder: Herr Langlöffel fährt Bimmelbahn

Jeder von uns trägt in seinem Kopf drei verschiedene „Denk-Anteile" mit sich. Da ist einmal der Träumer und Visionär, der auf die ausgefallensten Ideen kommt. Weiter gibt es den Realisten, der jede Idee auf ihre Machbarkeit abklopft und im Umsetzen und Verwirklichen von Ideen genial ist. Schließlich gibt es dann noch den Kritiker, der insbesondere Schwachstellen, Schwierigkeiten und mögliche Hindernisse sieht.

Was im Alltag oft geschieht: Unserem Träumer ist eine fantastische Idee eingefallen. In der nächsten Sekunde meldet sich der Kritiker und zerreißt die Idee als absolut unsinnig in der Luft! Geschieht das häufiger, dann hört der Träumer irgendwann von selbst auf, kreative Ideen zu spinnen. Die gleichen Prozesse kennen Sie vermutlich auch aus Arbeitsteams.

Was Walt Disney anders als Otto Normalverbraucher machte: Er gab jedem der Teile erst einmal genügend Zeit und Raum. Der Träumer durfte in Ruhe kühne, möglichst verrückte Ideen entwickeln. Dann machte sich der Realist an die Arbeit und überlegte sich, wie jede einzelne Idee umgesetzt werden könnte. Und schließlich kam die ganz wichtige Aufgabe des geschätzten Kritikers. Der Kritiker wies auf die Probleme und Schwachstellen hin, sodass der Realist sich überlegen konnte, mit diesen Hindernissen fertig zu werden. Wir blockieren uns, wenn diese Teile sich ständig behindern und stören. Wir – und das gilt genauso für Teams – nutzen unser ganzes Potenzial, wenn jeder Teil den anderen Freiraum gibt und alle Teile zusammenarbeiten, um gemeinsam das beste Ergebnis zu schaffen.

Haben Sie Lust, die Walt-Disney-Strategie in der Praxis kurz selbst zu testen? Dann nehmen Sie ein aktuelles Problem, für das Sie eine Lösung suchen. Schreiben Sie auf je ein Papier „Träumer", „Realist" und „Kritiker". Dann suchen Sie drei Plätze im Raum und legen die Papiere für den Träumer, den Realist und den Kritiker je dorthin. Gehen

Sie auf den Platz des Träumers und erinnern Sie sich an eine Zeit, als Sie besonders kreativ waren. Dann lassen Sie sich für Ihr aktuelles Problem kreative, verrückte, noch nie gedachte Lösungen einfallen. Keine Kritik – die kommt später! Gehen Sie dann an den Platz des Realisten, erinnern Sie sich an Situationen, in denen Sie klar und realistisch waren. Dann schauen Sie das aktuelle Problem mit dieser Brille an. Wie könnten Sie eine gute Lösung verwirklichen? Und schließlich darf auf seinem Platz auch der Kritiker zu seinem Recht kommen. Welche möglichen Schwierigkeiten gibt es dabei? Welche Einwände und Zweifel kommen dem Kritiker?

Gehen Sie danach zurück auf den Platz des Träumers und verändern Sie den Plan auf kreative Weise, um all das einzubauen, was Sie vom Realisten und Kritiker erfahren haben. Gehen Sie weiter zum Platz des Realisten und überprüfen und verändern Sie. Und dann ist wieder der Kritiker an der Reihe. Gehen Sie so lange durch die drei Positionen, bis der Plan in jeder Position passt und Träumer, Realist und Kritiker gemeinsam eine Lösung gefunden haben.

Im Folgenden noch einige weitere Möglichkeiten, Ihre Einbildungskraft zu nutzen. Denn auch der Hochleistungssport hat heute das mentale Training entdeckt. Das können wir für ganz konkrete Ziele nutzen, zum Beispiel zur Vorbereitung auf ein schwieriges Meeting.

In vielen Sportarten gehören mentale Techniken zum Standard. „Zuerst sehe ich den Ball da, wo ich ihn hinhaben will", beschrieb einmal Golfchampion Jack Nicklaus die Sekunden vor dem Schlag. Dann sieht er, wie der Ball fliegt und wo er landet. Erst danach kehrt er zur Gegenwart zurück, sieht den Ball, wie er noch vor ihm liegt. „Ich führe den Schlag aus, und oft verläuft die Flugbahn tatsächlich so, wie ich sie mir vorgestellt habe." (Stemme 1987).

Pele, weltbester Fußballer aller Zeiten, stellte sich intensiv vor, er könne mit dem Ball am Fuß durch die Abwehr-

3 Fantasie, oder: Herr Langlöffel fährt Bimmelbahn

spieler hindurchdribbeln, sie nicht nur umspielen. Während des Spiels ging er dann besonders dicht an seine Gegner heran, sodass es aussah, als wolle er sie umrennen. Tatsächlich umspielte er sie fast auf Tuchfühlung, aber ohne sie wirklich zu berühren (Stemme 1987).

Wie kann nun ein Mentaltraining für einen Manager aussehen, zum Beispiel für ein schwieriges Meeting? Schauen wir erst noch einmal zum Sport. Fünfzehn Minuten vor dem entscheidenden Slalomlauf: Der Läufer steht ein Stück abseits auf seinen Skiern, hat die Augen geschlossen und schwingt den Körper ganz leicht hin und her. Im Geiste fährt er jetzt die Piste hinunter. Elegant umfährt er dabei die Slalomstangen, deren Platz er genau in seinem Gedächtnis abgespeichert hat. Das ist für ihn die beste letzte Vorbereitung.

Genauso elegant sollten Sie die Hindernisse in dem Meeting mental umfahren (Ulsamer 2011, S. 130–133). Was bringt Sie normalerweise in solchen Meetings aus dem Gleichgewicht? Das sind Ihre persönlichen Slalomstangen! Bei Antworten auf diese Fragen greifen Sie auf Ihre gesammelten Erfahrungen aus anderen Meetings und ähnlichen Zusammenkünften zurück. Vielleicht kennen Sie Störungen wie:

- Sie hatten eine schlaflose Nacht und sind jetzt nervös.
- Sie mögen Ihren Platz nicht, weil Sie einen schlechten Überblick haben.
- Sie finden, dass Kollegen teilnehmen, die das eigentlich nicht sollten.
- Ihr PowerPoint funktioniert nicht.
- Ihr Chef möchte von Ihnen ein Detail wissen, das Sie nicht liefern können.
- Kollege X macht eine bissige Bemerkung über die Leistung Ihrer Abteilung.

Notieren Sie alle denkbaren Hindernisse, die Sie aus der Bahn werfen könnten. Dann notieren Sie sich für den jeweiligen

Punkt praktische Lösungen. Was können Sie denken, sagen, tun, wenn Sie keine Antwort für Ihren Chef haben? Jetzt zum nächsten Schritt der Vorbereitung auf Ihren Meeting-Slalom. Welche Fähigkeiten und Qualitäten brauchen Sie, um dabei kritische Situationen optimal zu bewältigen? Notieren Sie die drei wichtigsten. Was gehört für Sie alles zu einem optimalen Zustand, um in einem schwierigen Meeting zu bestehen? Innere Ruhe? Selbstsicherheit und Kraft? Offenheit? Humor?

Nun können Sie sich daran machen, Ihre erste Slalomstange mental zu umfahren. Stellen Sie sich das erste Hindernis vor und malen Sie sich genau aus, wie Sie mit Ihren Ressourcen und Ihren praktischen Lösungen dieses Hindernis bewältigen. Bleiben Sie dabei die ganze Zeit während der kritischen Situation in einem optimalen Zustand! Üben Sie das mehrfach und verbessern Sie es jedes Mal! Nehmen Sie sich jedes Ihrer persönlichen Hindernisse vor, aktivieren Sie Ihre Ressourcen und malen Sie sich KONKRET aus, wie Sie damit fertig werden.

Das sollte in der nächsten Zeit Ihr Training sein. Sie gehen diese Wege so lange, bis Sie Ihre Slalomstangen im Geiste elegant umfahren. Damit sind Sie auf das nächste und alle weiteren Meetings bestens vorbereitet. Nichts kann Sie mehr unvorbereitet aus der Bahn werfen. Auf diese Weise können Sie sich für alle herausfordernden beruflichen (und privaten) Situationen präparieren.

Die menschliche Einbildungskraft – das große Wunder

Holly hat ein Lieblingsspiel aus frühen Kindertagen, das stets mit dem gleichen Satz eröffnet wurde: „Nur so ein Spiel, ich wäre wohl ein Babykrokodil …" Der oder die

3 Fantasie, oder: Herr Langlöffel fährt Bimmelbahn

Mitspieler wurden dann zu Krokodileltern, -schwestern, -freunden. Warum? „Einfach so."

Es ist eine ganz eigene Welt, die sich Holly kreativ erschafft und die für sie ganz wirklich ist. Als Erwachsene schauen wir lächelnd darauf. Was Kinder sich alles vorstellen! Wir können uns nur deshalb diesen wohlwollend herablassenden Blick auf die Kinder leisten, weil uns selbst gar nicht bewusst ist, in welcher Welt unserer Vorstellungen wir wohnen. „Wenn Kinder spielen sind sie oft in ihrer eigenen Welt. Schade, dass Erwachsene damit aufhören." Das stand in der Einleitung dieses Kapitels und Frank hat damit Recht, denn Erwachsene hören auf damit zu spielen. Aber sie schaffen – wie die Kinder – eine eigene Welt der Vorstellungen und leben darin.

Pointiert arbeitet das Yuval Noah Harari in seinem Buch „Eine kurze Geschichte der Menschheit" heraus. Das Werk wurde 2014 zum Weltbestseller und hat den jungen israelischen Historiker berühmt gemacht. Harari, der an Jerusalems Hebräischer Universität lehrt, zeichnet darin die Erfolgsgeschichte des Menschen seit seinen evolutionären Ursprüngen bis in die Gegenwart nach.

So beschreibt Harari, was geschah, als der Mensch Armand Peugeot das Unternehmen Peugeot schuf. Im Grunde ging es dabei nicht um etwas Reales, sondern um eine Geschichte und darum, andere Menschen von der Wahrheit dieser Geschichte zu überzeugen. Die entscheidende Geschichte dazu findet sich im französischen Gesetzbuch. „Nach diesem Gesetz musste ein Notar nur die richtigen juristischen Rituale zelebrieren, die erforderlichen bürokratischen Zaubersprüche und Eide auf ein mit Schnörkeln verziertes Papier schreiben, sein Siegel darunter setzen, und Hokuspokus! schon war ein neues Unternehmen gegründet. Nachdem der Notar alle nötigen Formeln gesprochen hatte, glaubten auch die Nachbarn von Peugeot, dass es nun zwei Peugeots gab: ihren Nachbarn Armand und dessen neues Unternehmen, die Peugeot AG. Letztere behandelten sie nun mit der Ehrfurcht, wie sie ein richtiges Unternehmen verdient hat." (Harari 2013, S. 45 f.). Diese Geschichten, an die jedermann glaubte, führten zu einer Zusammenarbeit und schließlich kam dann wirklich ein fertiges Auto heraus.

„Zwei Mitarbeiter von Google, die einander noch nie gesehen haben, können um den halben Erdball hinweg zusammenarbeiten, weil sie an die Existenz von Google, Aktien und Dollars glauben. Rechtsstaaten fußen auf gemeinsamen juristischen Mythen: Zwei wildfremde Anwälte können effektiv kooperieren, weil sie an die Existenz von Recht, Gesetz und Menschenrechte glauben. Diese Dinge existieren jedoch nur in den Geschichten, die wir Menschen erfinden und einander erzählen. Götter, Nationen, Geld, Menschenrechte und Gesetze gibt es gar nicht – sie existieren nur in unserer kollektiven Vorstellungswelt." (Harari 2013, S. 41)

Denn anders als bei einer Lüge glauben alle an die erfundene Wirklichkeit. Und daraus entstehen reale Wirkungen und Macht in der wirklichen Welt (Harari 2013, S. 48). Dazu ein letztes Zitat von Harari: „Einen Affen würden Sie jedenfalls nie im Leben dazu bringen, Ihnen eine Banane abzugeben, indem Sie ihm einen Affenhimmel ausmalen und grenzenlose Bananenschätze nach dem Tod versprechen. Auf so einen Handel lassen sich nur Sapiens ein." (Harari 2013, S. 37)

Wir leben so stark in unseren gedanklichen Konzepten von der Welt, dass wir vergessen, dass es nur Gedanken, Ideen, Vorstellungen und Worte sind. Da ist zwar eine reale Welt, mit der uns die Sinne verbinden. Aber die erleben wir als Erwachsene meist gefiltert durch Gedanken und Worte. Holly ist noch weit mehr mit ihren sinnlichen Erfahrungen verbunden. Sie lässt sich an einem Busch von einer lachen-

3 Fantasie, oder: Herr Langlöffel fährt Bimmelbahn

den Marienkäferfamilie faszinieren und schaut begeistert zu, wenn fünf der roten Käfer mit ihren schwarzen Punkten über die saftigen Blätter einer Staude krabbeln. Erwachsene kommen erst dann etwas aus ihren Gedanken und Worten heraus, wenn sie in Seminaren zwanzig Minuten lang bewusst eine Rosine essen!

Nachdem Sie mir schon so weit in die Wunderwelt der menschlichen Einbildungskraft gefolgt sind – geht es noch ein kleines Stück? Eine simple Frage: Haben Sie eigentlich tatsächlich ein „Ich", das Sie führt, oder ist das auch nur wieder eine mentale Vorstellung, also ein bloßer Gedanke? „Ich" ist ja erst einmal nur ein Wort und Worte sind immer nur Etiketten. Wir behandeln aber immer wieder Worte so, als seien sie „wirklich".

Grundsätzlich gibt es zwei unterschiedliche Antworten darauf. Da ist zum einen die „Alltagsantwort" einer persönlichen Erfahrung. „Ja, klar habe ich ein ‚Ich'. Das spüre und merke ich doch immer. Gerade bei meinen Entscheidungen – ICH entscheide mich doch, niemand anders." (Wo genau ist eigentlich der Sitz dieser Instanz?) Dann gibt es die Antwort, die aus traditionellen östlichen, spirituellen Richtungen kommt: „Nein, das ‚Ich', das Ego ist nur eine Illusion, ein Gedanke. Es gibt kein ‚Ich'. Und wenn du jahrzehntelang meditiert hast, dann wirst du das auch selbst entdecken."

Deswegen fand ich es sehr spannend, als ich auf die Website www.liberationunleashed.com aufmerksam gemacht wurde, die einen schlichten Frageprozess mit Mentoren anbietet (gratis übrigens), um selbst die Antwort zu finden, ob mein „Ich" real oder nur ein Gedanke ist. Das wollte ich wissen! Ich wechselte also fünf Wochen lang täglich eine E-Mail mit meinem Mentor, bis ich meine Antwort gefunden hatte. Die verrate ich Ihnen hier aber nicht.

Abenteuer heute

Nach diesem großen Ausflug in die Welt des Geistes nur noch ein paar Schlussbemerkungen. Holly hat wunderbare Geburtstagsfeiern. Was waren eigentlich Ihre schönsten Geburtstage? Vielleicht in einem ganz anderen Rahmen und wahrscheinlich auch wie bei Holly nicht diejenigen, an denen Standardprogramme abgespult wurden. Gab es auch Abenteuer dabei? Das leitet über zu der Frage: Was könnten Ihre Abenteuer – klein oder groß – heute sein? Der Geburtstag fand mit „Querwaldein" im Wald statt. Ich habe das Glück, am Rand des Schwarzwalds zu wohnen und muss nur 300 Meter eine steile Straße hochgehen, um im Wald zu sein. Das haben die wenigsten. Wann waren Sie das letzte Mal im Wald?

Wie wohl der Wald und die Natur tun, wird gerade wieder mehr entdeckt – ein Gegengewicht zur Digitalisierung. Bücher wie die von Peter Wohlleben („Das geheime Leben der Bäume" oder „Hörst du, wie die Bäume sprechen? Eine kleine Entdeckungsreise durch den Wald") boomen. Und Forschungen zeigen, wie der Organismus messbar zur Ruhe kommt, wenn jemand sich bei einem Aufenthalt im Grünen auf die vielfältigen Details der Umgebung einlässt (Wohlleben 2019). Deswegen kommt jetzt gerade „Waldbaden" als neuer Trend in die Welt.

Schließen wir den Kreis zum Anfang, der mit der kindlichen Logik anfing, die Dinge einfach als gegeben festzulegen. „Einfach so" heißt übersetzt: „Akzeptiere die Dinge so, wie sie sind." Eine für manche Gelegenheiten im Leben extrem hilfreiche Einstellung! Dazu kommt mir der bekannte Spruch von Reinhold Niebuhr (amerikanischer Theologe, Philosoph und Politikwissenschaftler) in den Sinn:

> „Gott gebe mir
> die Gelassenheit, die Dinge hinzunehmen, die ich nicht ändern kann,

3 Fantasie, oder: Herr Langlöffel fährt Bimmelbahn

den Mut, die Dinge zu ändern, die ich ändern kann
und die Weisheit, das eine vom anderen zu unterscheiden."

Wie gut, wenn jemand die Kraft findet, Dinge zu akzeptieren, die er nicht ändern kann. Und weise genug ist, die Situation richtig einzuschätzen! Und über Mut geht es dann im nächsten Kapitel weiter.

> **Take-aways aus diesem Kapitel für Ihren Alltag**
>
> *Frank Behrendt*
> **Was Sie tun können, um die Fantasie Ihrer Kindheit wiederzuentdecken:**
>
> - **In die Vergangenheit reisen:** Machen Sie sich wieder einmal auf die Suche – nach sich selbst. Ein erster Schritt könnte sein, dass Sie sich einmal wieder ganz bewusst mit Ihrer Kindheit beschäftigen. Am besten, indem Sie alte Fotos und Dokumente hervorkramen oder mit „Zeitzeugen" sprechen/mailen/chatten. Schlüpfen Sie in die Rolle eines Historikers, der eine bestimmte Zeitepoche aufarbeiten möchte. Wie sahen Sie und Ihre Umgebung aus? Mit wem waren Sie zusammen? Wo waren Sie in den Ferien? Gibt es Bilder des Kinderzimmers, auf denen man frühere Lieblingsspielzeuge entdeckt? Meine Mutter schickte mir kürzlich ein Bild von meinem 10. Geburtstag. Auf dem Foto sah man lauter Dinge, die mich damals fasziniert haben – denn es waren meine Geschenke, meine Wünsche, die erfüllt wurden. Als ich das Bild sah, konnte ich mich sehr gut in das Jahr 1973 und meine damalige Situation hineinversetzen. So eine Rückreise macht Spaß. Und wenn Sie inzwischen eigene Kinder haben, ganz besonders.
> - **Sehnsüchte zu Papier bringen:** Nachdem Sie mit Hilfe von visuellen Ankern locker eingetaucht sind, nehmen Sie sich ein leeres Blatt Papier und einen Stift. Schreiben Sie auf, welche Sehnsüchte Sie damals hatten. Was war Ihnen wichtig, wovon haben Sie übergreifend geträumt? Bei Bertold Ulsamer waren es Freiheit, Ungebundenheit, in der Manege stehen, Abenteuer, Tiere, neue Orte und

Menschen. Abbild und Wunschort seiner Träume war der Zirkus. Bei mir war es der Wilde Westen und die Szenerie aus den Karl-May-Filmen mit Winnetou und Old Shatterhand. Freundschaft, Mut, Abenteuer waren mir wichtig. Wie war es bei Ihnen? Schreiben Sie es auf. Und dann überlegen Sie einfach mal, ob Sie diese einstigen Wünsche in Ihr heutiges Leben integrieren. Wenn ja – wunderbar! Machen Sie weiter damit. Wenn nein – warum eigentlich nicht? Im Urlaub zum Beispiel lassen sich auch als Erwachsener Kinderträume erfüllen. Ich fahre dieses Jahr mit meiner Familie unter anderem nach Kroatien. Wir werden auch die Wasserfälle im Krka-Nationalpark besuchen, an denen Filmszenen mit den Helden meiner Kindheit gedreht wurden. Ich bin sicher, es wird etwas in mir auslösen und mir ein Flashback zu meinen Träumen der Kindheit bescheren. Und diese Gefühle machen glücklich und lösen Kreativität aus, die nachwirken. Auch an Momenten, wenn ich wieder an einem Schreibtisch im Büro in Köln sitze.

- **Spielzeuge inspirieren:** Erinnern Sie sich noch an Ihre Lieblingsspielzeuge von früher? Eine bestimmte Puppe? Ein Matchbox-Auto? Haben Sie irgendwas gesammelt? Schlümpfe oder andere Figuren? Haben Sie das Lieblingsspielzeug von damals aufgehoben oder haben es Ihre Eltern – wie so oft – verschenkt, verkauft? Oder ist der Verbleib ungeklärt? Egal, holen Sie es sich doch einfach zurück! Vieles findet man auf Flohmärkten oder in Läden, die Relikte von früher verkaufen. Oder Sie klicken sich mal durch EBay. Dort gibt es alles, womit Sie früher gespielt haben. Und wenn Sie Lust haben, ersteigern Sie sich eines Ihrer Lieblingsspielzeuge von früher. Sie werden sehen, wenn es ankommt, löst es etwas aus – ein romantisch-erheiterndes Gefühl. Ich habe mein einstiges Lieblingsspielzeugauto inzwischen auf meinem Schreibtisch im Büro stehen. Es ist für mich eine tägliche Inspiration.
- **Kindliches Entertainment:** Wissen Sie noch, wohin Sie als Kind Ausflüge unternommen haben? Waren Sie zu Freilichtaufführungen am blauen See? Oder ging es öfter zu einer alten Ritterburg? War es wie bei mir Tradition, dass man einmal im Jahr zu den Karl-May-Festspielen nach Elspe oder Bad Segeberg pilgerte? Ganz gleich, was es war, es war mit Sicherheit als Kind ein tolles Erlebnis. Als man

3 Fantasie, oder: Herr Langlöffel fährt Bimmelbahn

älter und erwachsen wurde, ist man an diese Orte nicht mehr gefahren. Es standen und stehen schließlich Business-Meetings auf dem Programm. Und wenn man sich etwas anschaut, dann muss es einen Sinn machen. Messen, Kunst, Kultur, Konzerte. Das ist ja auch vollkommen okay. Aber vielleicht gönnen Sie sich als Ausgleich einfach mal wieder einen Schuss kindliches Entertainment. Ob mit oder ohne eigene Kinder, es macht Spaß, die Orte, an denen Sie als Kind große Augen machten, wieder einmal zu besuchen. Es inspiriert, und wenn Sie im Büro oder auf Veranstaltungen davon berichten, werden Sie sehen, dass Sie ein wunderbar emotionales Smalltalk-Thema dabeihaben, das bei anderen etwas auslöst. Ich selbst feiere übrigens jeden meiner Geburtstage auf einer der Karl-May-Festspielbühnen im Sauerland oder im hohen Norden am Kalkberg. Weil ich da als Kind gerne war und mich dort heute gemeinsam mit meinen Herzensmenschen und meinen Erinnerungen immer noch wohlfühle.

- **Spieleabende für Erwachsene:** Als Kinder haben wir alle gespielt. Der „Ernst des Lebens" stand schließlich damals noch nicht auf dem Programm. Es wurden auch viele Brettspiele gespielt, die keinen wirklichen Lerneffekt hatten, sondern schlicht und einfach der Unterhaltung dienten. Aber wen hat das früher schon gestört? Als Kind musste nicht alles Sinn machen und das heute so gerne postulierte lebenslange Lernen war – speziell vor der Schulzeit – nicht wirklich ein Thema. Herrlich entspannt. Heute sind wir alle gefangen in einem Hamsterrad von Leistung, Weiterbildung, Netzwerken. Wer nicht permanent dranbleibt, fällt runter. Aber alle spüren und wissen, dass man nicht permanent Wissen aufsaugen, performen und „always-on" sein kann. Menschen brauchen Pausen und das Gehirn auch mal einen Break. Was spricht also dagegen, mal wieder wie früher zu spielen? Auch als Erwachsene. Ich war kürzlich zu Gast bei einem Spieleabend. Nach dem Essen ging es in fröhlicher Runde los. Themen wie Job und Politik waren verboten. Bis zum frühen Morgen wurden Monopoly, Die Siedler von Catan und Mensch ärgere Dich nicht gespielt. Alle hatten so viel Spaß und empfanden diesen Abend als eine derartig wohltuende Abwechslung, dass einstimmig beschlossen wurde, bald wieder einen Spieleabend zu veranstalten.

- **Kinder-Kreativ-Edition:** Wir alle kennen das: Die Arbeitswoche beinhaltet jede Menge Aufgaben, die es zu erledigen gilt, einfachere und komplexe. In der Regel gehen wir sie so an, wie wir es immer machen – jeder auf seine eigene Art und Weise, aber seien wir ehrlich: oft nach „Schema F". Vielleicht nutzen Sie mal eine Mittagspause dazu, um darüber nachzudenken, wie ein Kind eine dieser Aufgaben lösen würde. Mit einem einfachen pragmatischen Ansatz, einer kreativen Lösung wahrscheinlich. Dazu mit viel Neugierde und Lust. Machen Sie doch von Ihrer nächsten Präsentation, Zusammenfassung, Ideenskizze neben Ihrer „üblichen" auch eine „Kinder-Kreativ"-Edition. Auch wenn Sie die am Ende nicht verwenden, der eine oder andere Gedanke ist mit Sicherheit hilfreich und inspirierend. Die legendäre Kindersendung „Die Sendung mit der Maus" erklärt oftmals komplizierte Dinge so, dass Kinder sie verstehen. Maus-Macher Armin Maiwald macht es genauso, wie wir es auch öfter mal wieder tun sollten: Er schlüpft in die Denke der Kinder und betrachtet die Dinge aus deren Blickwinkel. Und dann erklärt er Sachverhalte so, dass jeder sie versteht. Auch die Erwachsenen.

Literatur

Harari YN (2013) Eine kurze Geschichte der Menschheit. DVA, München

Stemme F (1987) Den Verstand intelligent ausschalten vom 31.08.1987. https://www.spiegel.de/spiegel/print/d-13526712.html. Zugegriffen am 02.04.2019

Ulsamer B (2011) Prüfungen als Herausforderung. Mentale Stärke im Examen. hemmer/wüst, Würzburg

Wohlleben P (2019) Besser als Wellness, Magazin Wohllebens Welt Nr. 1

4

Mut, oder: Faul sein ist wunderschön

Jeder hat Vorbilder, die inspirieren. Holly liebt Pippi Langstrumpf und Michel aus Lönneberga. Beide stehen für die Rettungsringe der Zukunft: Mut und Fantasie.

Frank Behrendt
Die Museumspädagogin in Bonn klatschte in die Hände und lächelte: „Holly, du hast Mut und Fantasie, das finde ich wunderbar." Unsere Jüngste hatte zuvor bei einer Ausstellung über August Macke eine sehr eigenwillige Interpretation eines Kunstwerks geliefert. Angstfrei und selbstbewusst erzählte sie, was in ihrem kleinen Kopf herumging. Die erfahrene Kunstfachfrau war begeistert. Zu oft erlebte sie schließlich, dass sich die Fantasie der Kinder mittlerweile in Grenzen hält. Ob der zunehmende Fernseh- und Computerspielkonsum die Ursache dafür ist?

Vielleicht hat es auch etwas mit Erziehung zu tun. Nach dem missglückten Auftritt der deutschen Fußball-Nationalmannschaft bei der WM 2018 in Russland gab es jede Menge Experten, die Ursachenforschung betrieben. Mehmet Scholl, Ex-Profi und als kritischer Geist bekannt, bemängelte schon vor dem frühen Scheitern der Elite-Kicker die Ausbildung des Kicker-Nachwuchses. „Der deutsche Fußball wird sein blaues Wunder erleben", orakelte er, „die Kinder müssen abspielen, sie dürfen sich nicht mehr im Dribbeln ausprobieren".

Ich bin in Brasilien großgeworden, dem Land, das den Fußball in seiner feinsten Form liebt: „el jogo bonito", das schöne Spiel sagen sie dort dazu. Jeder Knirps an der Copacabana macht genau das, was Mehmet Scholl vermisst: Er versucht, seinen Gegner auszuspielen, traut sich was. „Bei uns dagegen …", so Ex-Nationalspieler Scholl bissig, „… können sie 18 Systeme rückwärts laufen und furzen."

Holly würde sagen, die Jungs müssen eben wieder mehr wie Michel sein. Der freche Junge aus dem schwedischen Dorf Lönneberga ist eine Schöpfung der berühmten Kinderbuchautorin Astrid Lindgren. Holly verachtete von frühester Kindheit an jede Form von Zeichentrickfiguren, sie wollte „richtige Kinder" sehen. Michel gehört neben Pippi Langstrumpf zu ihren absoluten Lieblingsfiguren. Als ich sie einmal fragte, warum sie die beiden so toll findet, kam die Antwort kurz und bündig: „Weil sie keine Angst haben". Mut ist das Gegenteil von Angst und der freche Michel fürchtete auf dem Hof Katthult die Strafen seines Vaters Anton nicht. Regelmäßig wurde er schließlich für seine Streiche in den Tischlerschuppen eingesperrt. Aber er machte das Beste daraus: Er schnitzte kleine Holzmännchen. Astrid Lindgren ist auch die geistige Mutter der weiblichen Vorzeigeheldin Pippi Langstrumpf. Die rothaarige Göre, die in der Villa Kunterbunt lebt, ist ebenfalls ein Paradebeispiel für Unangepasstheit, Mut und Fantasie. Holly liebt die Figur, seit sie ein kleines Mädchen ist. Warum Mut der beste Treibstoff für die Zukunft ist und wir alle wieder etwas mehr Pippi Langstrumpf und Michel 4.0 sein sollten, davon handelt dieses Kapitel.

Holly sagt oft Nein, macht ihr eigenes Ding – auch in der Schule ist sie nicht das folgsamste Kind. Natürlich könnten wir sie mit erzieherischen Maßnahmen stärker auf Kurs bringen, aber die Frage ist doch: Welcher Kurs wäre das? Sicherlich nicht der Kurs, der Freiheit, Mut und Fantasie als Ziel beinhalt. Deshalb greifen wir nur leicht steuernd ein, lassen Holly ansonsten eher Pippi und Michel sein. Sie wird ihren Weg machen, da sind wir uns als Eltern ganz sicher. Auch wenn dieser vielleicht nicht stromlinienförmig verläuft, aber das ist schließlich auch nicht unbedingt der Weg zum ultimativen Lebensglück.

Am ersten Tag ihrer Sommerferien fand ich meine Jüngste mit hinter dem Kopf verschränkten Armen gemeinsam mit unserer kleinen französischen Bulldogge „Fee" auf dem Rasen liegend und in den strahlend blauen Himmel schauend. Neben ihr stand ihr CD-Player und aus dem dröhnte eine der Hymnen Pippi Langstrumpfs: „Faul sein ist wunderschön, denn die Arbeit hat doch Zeit. Wenn die Sonne scheint und die Blumen blühn, ist die Welt so schön und weit."

Bertold Ulsamer
Bullerbü an die Unternehmensfront! Da kommt sie in die Unternehmen, scharrt schon unruhig in den Startlöchern, die neue Generation Y und danach die Generation Z. Firmenchefs und Personalverantwortliche berichten bereits von ihren Erfahrungen mit dem selbstbewussten Nachwuchs. Der Umbruch ist im Gange. Kann die ältere Generation (Leser dieses Buchs, nehme ich an) da eigentlich noch mithalten? Sie zum Beispiel? Ich in meinem Alter bin ja glücklicherweise schon jenseits von Gut und Böse. Sollten Sie sich nicht nur eine, sondern viele Scheiben davon abschneiden und sich mehr Unangepasstheit, Mut und Fantasie auf die Fahnen schreiben? Vom Nachwuchs lernen

und selber mal dem Chef die Meinung sagen und die eigene Pippi Langstrumpf und den Michel aus Lönneberga rauslassen?

Allerdings ist es immer noch nicht ganz klar, was die Merkmale des Nachwuchses sind. Mal war von ideologisch motivierten Umstürzlern die Rede, mal von oberflächlichen Faulpelzen. Eine Studie bietet einige Indikatoren, wohin die Reise tatsächlich gehen könnte. Für das „Global Perspectives Barometer 2017 – Voices of the Leaders of Tomorrow" wurden rund 1000 junge Top-Talente aus mehr als 80 Ländern zu ihren Haltungen und Ansichten über Arbeit und Führung befragt (Rath 2017). Sie planen ihre Karrieren durchaus gezielt und strategisch – wie auch die Generationen vor ihnen. Dabei nutzen sie gezielt ihre digitale Präsenz. So zeigen 87 Prozent der Befragten online ihren Bildungsweg, 76 Prozent ihre aktuelle Stelle und 71 Prozent teilen Informationen über ihre bisherige berufliche Laufbahn, während sie gleichzeitig im Netz sehr achtsam mit ihren privaten Informationen umgehen.

Die Ideen von Führungskultur unterscheiden sich deutlich von früheren Generationen. Transparenz ist selbstverständlich. Im alten System von Weisung und Kontrolle wurde der Informationsfluss im Unternehmen eher reduziert. 77 Prozent des Nachwuchses sind überzeugt, dass Unternehmen, die Informationen und Wissen intern offen teilen, langfristig die besseren Erfolgsaussichten haben. Wenn ein Chef der neuen Generation im Sommer an einer Konferenz teilnimmt, wissen seine Mitarbeiter im Zweifelsfall nicht nur, wo und worüber er gesprochen hat, sondern können sich den Auftritt auch gleich noch bei YouTube anschauen. Mehr als die Hälfte (53 Prozent) der Befragten kann sich sogar vorstellen, grob unethisches Verhalten im Unternehmen öffentlich (unternehmensintern sogar 59 Prozent) an den Pranger zu stellen.

Freude, Perspektive und Nachvollziehbarkeit der Aufgaben sind wichtiger geworden als Pflicht, Disziplin und Fleiß. Da gibt es ein neues Selbstbewusstsein, aber auch das Bedürfnis, gesehen und anerkannt zu werden. „Alle warten immer auf die nächsten Likes – das wird auch ins Arbeitsumfeld transportiert." (Allmann 2019) Autoritärer Führungsstil erzeugt Widerwillen, die neue Generation ist an große Handlungsspielräume gewöhnt und will vieles ausdiskutieren. Holly passt da gut hinein. Sie sagt oft Nein, macht ihr eigenes Ding – auch in der Schule ist sie nicht das folgsamste Kind. Und die Eltern stehen hinter ihr mit einer Lenkung, die Freiheit, Mut und Fantasie als Ziel beinhaltet.

Unangepasstheit und Angepasstheit

Fantasie und Vorstellungskraft waren ja Schwerpunkte der letzten Geschichte. Hier nehme ich jetzt als erstes das Thema Unangepasstheit unter meine psychologische Lupe. Querdenker in die Unternehmen! Das ist ein hehrer Aufruf. Aber wie lange hält wohl ein echter Querdenker in einem normalen Unternehmen durch? In Ihrem Unternehmen beispielsweise? Oder noch genauer gefragt: Wie viel „quer" ist da erlaubt und wo wird „quer" nur als Blockade gesehen und gnadenlos weggewischt?

Bevor ich gleich in den Aufruf nach Unangepasstheit einstimme, singe ich erst einmal ein Lob auf die Anpassung. Sie wird oft so verächtlich behandelt. Dabei hätte ohne Anpassung keiner von uns seine ersten Jahre überlebt. Und menschliche Kultur ist ohne Anpassung nicht denkbar. Wir sind alle angepasst, mehr oder weniger. Ich jedenfalls kenne meine angepasste Seite. Das menschliche Grundbedürfnis war und ist es zu überleben. In den prähistorischen Zeiten war ein Mensch nur in seiner Gruppe überlebensfähig. Die schlimmste Strafe war es, ausgeschlossen zu werden, denn allein war man verloren. Der Einzelne musste also dazugehören. Das ging und geht nur mit Anpassung.

Man stelle sich mal vor: Jeder macht nur sein Ding. Schule? Ohne mich! Die rote Ampel? Geht mich nichts an. Steuern zahlen? Ist was für Dummköpfe. Festgelegte Arbeitszeiten? Nichts für mich. Und so weiter und so weiter. Immer nach dem Motto: „Ich passe mich nicht an!" Daher ist die Frage interessant: Wie viel Prozent Angepasstheit und wie viel Prozent Unangepasstheit ist für Sie sinnvoll – und vor allen Dingen: wann und in welchen Bereichen? 80 zu 20? 90 zu 10? 95 zu 5? Wie schätzen Sie Ihre persönlichen Prozentzahlen ein?

Wir brauchen uns gegenseitig, wir sind als Menschen voneinander abhängig. Das funktioniert nur mit einer gewaltigen Portion Anpassung, die für uns so selbstverständlich geworden ist, dass wir sie gar nicht mehr bemerken. Dazu ein Experiment, das der Sozialpsychologe Stanley Milgram durchgeführt hat (Milgram 1974). Milgram schlug Studenten aus einem Forschungssemester vor, beim U-Bahn-fahren auf irgendeinen Fahrgast zuzugehen und ihn einfach um seinen Sitzplatz zu bitten. Wundern Sie sich jetzt gerade, auf welch verschrobene Ideen Psychologen kommen? Die spontane Reaktion der Studenten auf diesen Vorschlag war erst einmal nur nervöses Gelächter. Schließlich wagten sich einige Mutige daran, fragten in der U-Bahn und erlebten verblüfft, dass die Hälfte aller Angesprochen ihren Platz räumte. Allerdings wagten nicht alle Studenten, die Bitte auszuprobieren, sodass Milgram beschloss, es selbst einmal tun.

Plastisch beschreibt er seine eigenen Erfahrungen: „Ich ging also in meiner U-Bahn auf einen Fahrgast, der einen Sitzplatz hatte, zu und wollte meine magischen Worte loswerden. Aber sie blieben mir in der Kehle stecken, ich brachte sie einfach nicht heraus. Ich stand wie erstarrt da und zog mich dann wieder zurück, ohne die Mission erfüllt zu haben. Mein studentischer Beobachter drängte mich, es noch einmal zu versuchen, aber ich wurde erdrückt von lähmender Hemmung. Ich schimpfte mich: ‚Was für ein Feigling bist du eigentlich? Du hast einem Studenten den Auftrag gegeben, dies zu tun. Wie kannst du denn vor ihre Augen treten, ohne es selbst gemacht zu haben?' Schließlich nach vielen erfolglosen Ansätzen, trat ich auf einen Fahrgast zu und presste die Bitte heraus: ‚Entschuldigen Sie, mein Herr, dürfte ich Ihren Sitzplatz haben?' Einen Moment lang hatte ich das panische Gefühl, ich löste mich auf. Der Mann hingegen stand ohne Weiteres auf und gab mir meinen Sitzplatz. Aber mir wurde noch ein zweiter Schlag ausgeteilt. Als ich mich auf den Platz des Mannes gesetzt hatte, drängte alles in mir, mich so zu verhalten, dass meine Bitte verständlich erscheinen würde. Mein Kopf sank nach vorne über, und ich spürte, wie mein Gesicht bleich wurde. Ich spielte das nicht in diesem Moment: Ich fühlte mich so, als ob ich jeden Moment sterben würde. Dann machte ich eine dritte Entdeckung: Sobald ich auf dem nächsten Bahnhof diese U-Bahn verlassen hatte, war alle Spannung verflogen." (Milgram 1974)

Klingt etwas verrückt, diese Beschreibung. Probieren Sie das Experiment doch bei der nächsten U-Bahnfahrt einfach selbst einmal aus. Der Spielraum für das eigene Verhalten ist tief in unserem Unbewussten verankert: „Das tut man!", „Das tut man nicht!". Ganz selbstverständlich halten wir uns an die geheimen Regeln und fühlen uns dabei frei. Angst hemmt uns, die Regeln zu brechen. Wir bemerken die Angst dabei nicht, sondern erst dann, wenn wir – wie in dem Experiment – gegen die ungeschriebenen Verhaltensnormen verstoßen.

Mit jedem Kind kommt etwas Neues ins Leben. Die Evolution ist nicht am Ende, sondern geht weiter. Und das Neue ist immer unangepasst, muss unangepasst sein. Wie viel Nicht-Anpassung wird einem Kind erlaubt? Wer in einer sicheren Umgebung aufwächst, hat weniger Ängste verinnerlicht. Holly ist ein Beispiel dafür. Sie ist selbstbewusst und liefert bei der Kunstausstellung angstfrei ihre eigenwillige Interpretation eines Werks von August Macke und begeistert sogar die Museumspädagogin.

Kinder sind ihren Eltern ähnlich – und doch anders und einzigartig. Eltern wollen an ihre Kinder die Werte weitergeben, die sie selbst im Lauf ihres Lebens gewonnen haben. Ein Stück weit mag das gelingen, aber nie ganz. Unsere Großeltern wollten ihre Werte an ihre Kinder, unsere Eltern, weitergeben. Unsere Eltern haben sich fort- und weiterentwickelt mit und in der Zeit, in der sie aufgewachsen sind. Irgendwann richteten sie sich dann in ihren erworbenen Überzeugungen und Werten ein und versuchten, diese dann an uns, ihre Kinder, weiterzugeben. Die Welt drehte sich weiter und wir Kinder – als neue Generation – hatten den frischen Blick auf vieles. Daraus kamen neue Überzeugungen, Einstellungen und Werte. Holly wird wiederum in manchem anders sein und werden als ihre Eltern. Und genauso ihre Altersgenossen. Spannend wird es sein, wie es weitergeht, wenn Holly erwachsen wird. Wird Holly unangepasst bleiben?

Der große Schritt in der Pubertät ist es, sich von den Werten der Eltern erst einmal frei zu machen und für sich selbst neu zu schauen. Gleichzeitig haben Jugendliche oft einen unbestechlichen Blick für die Unstimmigkeiten der Erwachsenen. Sie suchen das Neue. Wie könnte das aussehen? Die Bandbreite ist groß. Mit Fantasie kann man sich Holly sechzehnjährig als trotzigen Teenager vorstellen, der ein paar Jahre lang das Gegenteil der Eltern sein will. Eine

Greta-Thunberg-Nachfolgerin? Schockiert nicht genug, da sind diese Eltern vielleicht heimlich stolz. Dann vielleicht eine Bewerbung bei „Germany's Next Topmodel"? Oder als ersten Freund einen Muskelprotz aus der rechten Szene? Das alles wäre ein Bruch mit den Werten ihrer Familie und dazu bräuchte es viel Mut. Sehr wahrscheinlich sind diese Entwicklungen nicht. Aber Eltern hatten es noch nie in der Hand, was sich aus den Kindern heraus entfaltet. Die Zukunft lässt sich nicht vorhersehen und unvorhergesehene Entwicklungen testen dann die Liebe und die Tiefe des Vertrauens in das eigene Kind und seinen Weg.

Zurück zu uns selbst und der eigenen Unangepasstheit! Wir alle sind Teil der Gesellschaft und nehmen so teil an der kollektiven Entwicklung, deren Geschwindigkeit gerade immer mehr zunimmt. Wirtschaftliche Szenarien drehen sich heute so schnell wie die Flügel eines Ventilators. Veränderung kommt einer riesigen Welle gleich, die wie eine Sturmflut alles überrollt. Chancen und Vernichtung liegen dicht nebeneinander. Wer sich als Manager ans Überlieferte klammert – „so hat es doch früher immer funktioniert!" –, geht unter.

Den Überforderten droht der Burnout (Ulsamer 2012). Mein Bild dazu: Da stehen viele mit Lehm überbackene Spielzeugroboter. Alle gleich aussehend, stromlinienförmig mit der gleichen langweiligen Farbe. Wird der Joystick auf dem Display benutzt, bewegt sich jeder mit dem ähnlichen abgehackten Gang in die vorgegebene Richtung. So war es mehr oder weniger – natürlich stark übertrieben! – in vielen Unternehmen. Dann klopft plötzlich ein Hammer auf die Figuren. Der Lehm bröckelt, die feste Schale fängt an zu zerbrechen. Selbst Roboter geraten da leicht in Panik! Die Schale hat doch bisher so stabil gehalten. Aber der Hammer klopft unerbittlich weiter … Und als der Lehm abblättert, ergibt sich ein völlig neues Bild.

Die gleichförmige Kolorierung verschwindet, die Figuren werden farbig. Was sich vorher nur im allgemeinen Gleichschritt bewegen konnte, fängt an, den eigenen Gang zu finden, ja, sich in unterschiedlichen Rhythmen zu bewegen. Aus der gleichförmigen anonymen Masse von Klonen entwickeln sich lebendige Individuen. Die einen laufen, andere rennen, manche springen, ja, es gibt sogar welche, die tanzen. Burnout kann für jemanden dieser befreiende Hammer sein!

Die große Anpassung an „die anderen" lässt sich nicht mehr auf Dauer durchhalten. Zwar hat die Nestwärme der Gruppe eine große Anziehung: Wenn alle Überstunden machen und ständig erreichbar sind, dann gehören Sie dazu, wenn Sie es genauso halten. Diese scheinbare Geborgenheit in der Gemeinschaft der Kollegen lässt Sie dann warnende Körpersymptome (Kopfweh, Erschöpfung) und das leise innere Stimmchen, das „Nein" sagt, überhören. Es braucht großen Mut und viel Selbstvertrauen, sich in entscheidenden Situationen entgegen der Mehrheit auf sein eigenes Urteil zu verlassen. Selbst wenn etwas schief geht, ist jemand in der Gruppe auf der sicheren Seite. Keiner wird ihn persönlich für Verluste und Niederlagen verantwortlich machen. Es ist wie in dem Mythos mit den Lemmingen, die brav hintereinander – einzeln und doch gemeinsam – in den Abgrund stürzen. Wer wollte dem einzelnen Tierchen daraus einen Vorwurf machen!

Das rasante Tempo der Veränderung erschüttert heute den kollektiven Gleichschritt. Es wird zu viel! Nun ist der Einzelne herausgefordert, mutig aus der Menge auszuscheren, um einen eigenen Weg zu finden. Er muss in sich selbst Antworten finden. Anpassung reicht nicht mehr. Vehement fordert der wachsende Druck von uns Mut, Unangepasstheit und Individualität.

Mut

Holly findet Pippi und Michel in den Geschichten so toll, weil sie alles tun, was sie wollen. Ohne Angst! Ach, wäre das schön, wenn das möglich wäre! Jedes Kind hat Angst, würde sie gern loswerden und ganz mutig sein – so wie wir als Erwachsene auch.

Angst gehört mit zur menschlichen Grundausstattung. Aber wir schätzen und mögen sie nicht besonders, sondern träumen lieber von einer Welt, in der wir angstfrei sind. Deswegen bewundern wir Menschen, die etwas tun, was wir gerne täten und vor dem wir zurückschrecken. Mut ist aber gerade nicht das Gegenteil von Angst. Wer ohne Angst eine Felswand ungesichert hochklettert, hat entweder einen genetischen Defekt oder eine Todessehnsucht. Mit Mut hat das nichts zu tun. Nur wer mit der Angst hochklettert, ist mutig.

Dabei ist Mut wie ein Muskel. Wer den Muskel trainiert und übt, wird mutiger und bleibt mutig. Der Extrembergsteiger, der sich an kleinsten Felsvorsprüngen hochhangelt, braucht enormen Mut. Den hat er entwickelt, indem er seine Herausforderungen immer höher schraubte. Der ängstliche Azubi, der kein Wort vor lauter Schüchternheit hervorbringt und möglichst wie ein Mäuschen ungesehen bleiben will, bleibt mutlos. Wenn er „trainiert", sich zu verstecken und seiner Angst nachzugeben, wird sein Mutmuskel weiter verkümmern.

Am Beispiel der Bergsteiger wird noch etwas anderes deutlich: die unterschiedliche Ausgangslage in der Konstitution oder im Charakter. Es gibt mutigere Menschen und ängstlichere. Wer seinen Mutmuskel trainieren will, hat also unterschiedliche Voraussetzungen. Der eine wird auch ohne Doping schnell zum Muskelprotz, der andere muss hartnäckig dranbleiben, um wenigstens ein paar Liegestütze stemmen zu können. Das ist zwar irgendwie gemein vom Leben, aber so ist es nun einmal. Wenn Sie jemand sind, der schwächere Mutmuskeln hat, dann ist es keine gute Strategie, sich mit Arnold Schwarzenegger zu vergleichen und dann zu sagen: „So wie der werde ich nie! Das Üben brauche ich gar nicht erst anzufangen!" Auf der einen Seite haben Sie zwar recht, ein Mister Universum wird nicht aus Ihnen. Aber müssen Sie sich damit abfinden, als ängstliches Handtuch durch die Welt zu schleichen? Nein!

Es gibt eine Begebenheit in meinem Leben, die mich etwas Wichtiges über Mut gelehrt hat. Ich war in meinen Dreißigern drei Jahre lang hintereinander im Sommer an einem See. Direkt am Ufer stand ein Holzhaus und oben war ein Flachdach, von dem man so drei oder vier Meter hinunter ins Wasser springen konnte. Das wollte ich auch. (Habe ich schon gesagt, dass ich große Angst vor Höhe habe?) Beim ersten Versuch ging ich ganz vorsichtig bis an den Rand, schaute hinunter – und schauderte zurück. Dann trieb ich mich ein zweites Mal an – wieder erfolglos. So ging das eine Woche lang jeden Tag, während ich zum See ging. Innerlich beschimpfte ich mich, versuchte, mich anzutreiben, aber vergebens.

Das nächste Jahr am gleichen See neue Versuche – und das gleiche Versagen eine Woche lang mit der entsprechenden Selbstquälerei. Das dritte Jahr! Sie wissen schon, was kommt. Die ersten drei Tage lang wieder die deprimierende Erfahrung des Scheiterns. Dann beschloss ich, aufzugeben und damit aufzuhören, aus der Höhe ins Wasser springen zu wollen. Ich war so befreit und genoss das Schwimmen im See aus vollem Herzen. In diesem Jahr war ich einen Monat statt nur einer Woche an diesem schönen Platz. Und dann, in der letzten Woche! Ich hatte mich vorher über einen Freund geärgert. Ich stand auf dem Flachdach. Plötzlich ein Stimmchen in meinem Kopf: „Und jetzt springe ich." Ich ging die vier Schritte zum Rand und machte dann einen Schritt darüber hinaus. Voilà! Das war's gewesen.

Meine Schlussfolgerung daraus: Die jahrelange Quälerei vorher hätte ich mir gut sparen können. Innerer Druck und Selbstbeschimpfung sind kontraproduktiv und lähmen zusätzlich. Ermunterungen sind okay, aber wenn die nicht fruchten, lassen Sie es besser sein. Das Wichtigste aber noch: Wenn es so weit ist, passiert es von allein. Übrigens gilt das Gleiche für wichtige Lebensentscheidungen. Sie können sich eine ewige Zeit damit quälen, ohne dass eine Lösung auftaucht. Mein Vorschlag: Vertrauen Sie darauf, dass die Entscheidung da ist, wenn die Zeit reif ist – so wie ein Apfel vom Baum fällt, wenn er reif ist. In der Zwischenzeit lassen Sie es sich gut gehen und sorgen Sie gut für sich.

Zum Trost für die weniger Mutigen habe ich noch aktuelle Forschungsergebnisse aus der Tierwelt (Gentner 2016). Besitzer eines Hundes oder einer Katze wussten es ja schon immer: Jedes Tier hat seinen eigenen individuellen Charakter. Aber heute erobert die Persönlichkeitsforschung der Tiere einen Spitzenplatz in der Biologie. Überall spüren Wissenschaftler individuelle Charaktere auf – bei Stichlingen, Katzenhaien, Rentieren und sogar Kraken, Ameisen und Blattläusen. Angst oder Mut sind ein wesentliches Unterscheidungsmerkmal. Wenn es dabei um Mut geht, dann haben viele Draufgänger und Entdecker noch eine weitere Eigenschaft, die sie nicht unbedingt beliebt bei Artgenossen macht: Aggressivität.

So sind bei Kohlmeisen die Draufgänger keine netten Nachbarn. Wenn es um Futter oder Territorien geht, legen sie sich mit Konkurrenten an und gewinnen gewöhnlich auch. Sogar gegen gefährliche Feinde wie Eichelhäher, Krähen, Elstern oder Katzen setzen sie sich zur Wehr. Dabei zeigen jedoch die Ergebnisse, dass schüchterne Vögel beim Kampf ums Dasein nicht weniger erfolgreich sind. Sie haben nur andere Strategien. Sie sind verträglich und kommen mit anderen gut aus, meiden aber Gedränge und große Schwärme. In kleinen Gruppen mit Typen, die ihnen ähnlich sind, fühlen sie sich am wohlsten. Sie sind sorgfältiger beim Erkunden und entdecken zum Beispiel Insektenverstecke, die den Schnelleren entgehen. Sie registrieren besonders aufmerksam die Veränderungen in der Umwelt und stellen sich flexibel darauf ein.

In einem Interview mit National Geographic erläutert der Biologe John Shivik seine Ergebnisse und Ideen (Shivik 2018). „(Ich) unterteile tierisches Verhalten in generelle Themen. Ein solches Thema ist das Konzept eines Stubenhockers oder Erkunders, das wir auch bei Menschen haben. Für die frühe Besiedlung Nordamerikas stiegen ein paar Leute in Boote und ein paar blieben zurück, um die Heimat zu verteidigen. Ein ausgezeichnetes Beispiel dafür aus der Tierwelt sind die Hüttensänger. Da gibt es aggressive Männchen, die in neue Gebiete fliegen und sie übernehmen, wie eine einfallende Armee. Aber letztendlich sind diese Tiere keine guten Besatzer. So hat man also verschiedene individuelle Typen von Tieren – manche machen sich gut als einfallende Armee und manche von ihnen sind eher Besatzer, die besser darin sind, miteinander zu leben und ihre Partner zu versorgen."

Shivik betont, dass die Spannung zwischen dem Individuum und der Gruppe die Grundspannung des Lebens ist. „Die Natur erfordert *Varianz* in Körperbau und Verhalten. … Ohne Varianz gibt es kein Überleben, wenn sich die Umgebung verändert. Das bedeutet, dass wir viele Individuen brauchen. Was die Natur außerdem erfordert, ist Kooperation. … Die Natur ist ein Optimierungsprozess und wir sollten darüber nachdenken – sowohl was die Menschheit, aber auch was die Tiere angeht –, wie wir unsere Vielfalt am besten optimieren, während wir gleichzeitig Kooperation ermöglichen." (Shivik 2018).

Im Fußball braucht es die beherzten Dribbler, die ihre Gegner ausspielen. Aber zehn Dribbler, die alle ihre Gegner umspielen wollen – da würde es dann etwas an Vielfalt fehlen. Auch ein Unternehmen braucht Varianz und Vielfalt bei seinen Beschäftigten. Es braucht mutige Pioniere wie die aggressiven Hüttensänger und dann braucht es die Ordnenden und Verwaltenden. Und alle müssen kooperieren.

Vorbilder

Holly mag den frechen Michel und die starke Pippi Langstrumpf. Beide lassen sich nicht von den Erwachsenen beeindrucken und einschüchtern. Solche Lieblingsfiguren werden zu Vorbildern, an denen man sich ausrichten kann: Was hätte Pippi jetzt an meiner Stelle gesagt oder gemacht? Vorbilder regen also an und inspirieren uns. Ich entdecke in dem Vorbild eine Eigenschaft, die ich selbst im Keim habe. Beim Vorbild ist sie viel stärker und das hilft mir, sie mehr bei mir selbst zu entwickeln. Die ersten Vorbilder kommen meist aus der Familie: die Eltern, ältere Geschwister, die Großmutter oder der Onkel, der imponiert. Später kommen dann aus allen Bereichen des Lebens andere dazu: Sportler, Filmstars, Romanhelden, Models, Influencer (erst seit Kurzem), Unternehmensgründer usw.

Erstrebenswerte Vorbilder sind in einem bestimmten Bereich so, wie wir gern sein wollen. Sie haben etwas geschafft, was wir selber erstrebenswert finden. Sie sehen aus, wie wir gern aussehen würden, oder vertreten Werte, die auch unseren Vorstellungen entsprechen. Sie sind quasi ein

Spiegelbild unserer Wunschträume und sie regen dazu an, diese Träume auch zu verfolgen. Das fängt bei kleinen Dingen wie einer neuen Brille an und geht bis zu beruflichen Wünschen und Charaktereigenschaften. Sie sind die Blaupausen für neue Entwicklungsziele und öffnen Horizonte für uns (zeitjung 2019).

Vorbilder können auch zur Stagnation missbraucht werden. Sie sind dann eher eine Schmusedecke zur eigenen Beruhigung. Damit das funktioniert, muss ich das Vorbild übergroß machen, sodass es unerreichbar für mich wird. So kann ich es bewundern, darf aber ansonsten bleiben wie ich bin. Zum Beispiel: Eine Mutter Teresa, die als Nonne zu den Waisenkindern in die Slums von Indien geht, werde ich sowieso nicht. Dann muss ich mich jetzt auch nicht für ein verhuschtes Flüchtlingskind in der Nachbarschaft interessieren. Heldenhaft in den Tod gehen wie Graf Stauffenberg liegt außerhalb meiner Reichweite. Da brauche ich mich auch nicht bei den kleinen und großen Schweinereien meiner Firma (Diesel-Software) aus dem Fenster lehnen.

Bei diesem Thema muss ich doch noch einmal auf die am Anfang zitierte Studie über die Nachwuchstalente zu sprechen kommen. Ist Ihnen dabei etwas aufgefallen? „Mehr als die Hälfte (53 Prozent) der Befragten kann sich SOGAR (*Hervorhebung vom Autor*) vorstellen, grob unethisches Verhalten im Unternehmen öffentlich (unternehmensintern sogar 59 Prozent) an den Pranger zu stellen." (Rath 2019) So wird das Verhalten in dem zitierten Bericht gerühmt. Was sagt dieses Lob eigentlich über die aktuellen Führungskräfte aus? Die Zahlen sagen, dass 41 Prozent der zukünftigen Wirtschaftselite grob unethisches Verhalten NICHT einmal firmenintern veröffentlichen würden. Das geben sie bereits in einer bloßen harmlosen Umfrage an – ohne die Probe aufs Exempel in der

Realität, bei der Mut oft viel schwerer fällt. Meine Schlussfolgerung: Wir brauchen mehr aktuelle Vorbilder für Mut und Unangepasstheit!

Faulheit und Kreativität

Holly liegt mit der kleinen Bulldogge Fee auf dem Rasen und hört eine der Hymnen Pippi Langstrumpfs: „Faul sein ist wunderschön, denn die Arbeit hat doch Zeit. Wenn die Sonne scheint und die Blumen blühn, ist die Welt so schön und weit."

Können Sie faul sein? Oder haben Sie es ganz verlernt? Manche konnten es auch nicht als Kind, weil sie schon damals unter Druck standen. Damit ist ein zentraler Rettungsring verloren gegangen! Und damit klarer wird, was ich meine, schreibe ich statt Faulheit „Muße und Selbstfürsorge". Einmal NICHT unablässig die E-Mails checken, die neueste Info runterladen, Pläne für die nächste Woche machen. Stattdessen: Nichtstun. Nutzlose Zeit für einen selbst, die nicht sofort wieder als „Investition" in die eigene Leistung korrumpiert wird. Nehmen wir einen Moment lang den französischen Poeten Anatole France wörtlich: „Arbeit ist etwas Unnatürliches. Die Faulheit allein ist göttlich."

Und noch einen anderen Teil der Geschichte finde ich anregend. Der freche Michel lässt sich von den Strafen des Vaters Anton nicht beeindrucken. Wenn er in den Tischlerschuppen eingesperrt wird, macht er das Beste draus: Er schnitzt kleine Holzmännchen. Der Rahmen passt für Erwachsene natürlich nicht mehr. Kein Vater sperrt Sie in den Holzschuppen als Strafe ein. Aber erleben Sie sich nicht manchmal als eingesperrt? Vielleicht sogar bestraft? Das Projekt muss noch unter höchstem Druck termingerecht erledigt werden. Oder es gibt einen Vorgesetzten, der Ihre Leistung falsch einschätzt und Sie nicht mit anspruchsvolleren Aufgaben betraut. Sie fühlen sich wie Michel in einem Schuppen eingesperrt. Was sind die Holzmännchen, die Sie schnitzen können? Unbeeindruckt vom äußeren Rahmen, kreativ und spielerisch, sodass sogar etwas Schönes dabei herauskommt.

Liebenswert sein

Wer findet Holly nicht sympathisch? Deswegen lesen wir ihre Abenteuer, ihre Spiele und ihre Gedanken so gern. Wie wichtig das ist, merken Sie vielleicht, wenn ich Ihnen jetzt ein anderes gleichaltriges Mädchen vorstelle. Mia ist eine verschlossene Einzelgängerin und will einmal Chirurgin werden. Deshalb jagt sie beständig hinter Fröschen und Kleinsäugetieren her, um sie zu sezieren. Abgetrennte Froschschenkel legt sie dann heimlich ihren Klassenkameradinnen und der Lehrerin auf dem Stuhl und amüsiert sich, wenn die sich ekeln. Hm, da ist jemand mit einer klaren positiven Vision (Chirurgin), großem Einsatz und Mut, ja, sogar einem gewissen Humor. Aber ist sie Ihnen nach dieser Beschreibung so sympathisch wie Holly?

Ich versuche hier nicht zu ergründen, was Holly sympathisch macht oder auch ihren Papa. Aber dieses Liebenswerte, das sie hat, erreicht und öffnet die Herzen anderer Menschen. Deshalb mögen wir auch ihren Eigensinn und ihre kreativen Ideen. Kinder sind oft unschuldiger, spontaner und lebendiger als wir drögen Erwachsenen. Das zieht uns an, weil wir auch einmal so waren, aber diese Qualitäten inzwischen in uns versteckt haben. Lassen Sie sich von Holly anregen und inspirieren, davon mehr nach oben kommen zu lassen. Zeigen Sie, wie liebenswert SIE sein können!

4 Mut, oder: Faul sein ist wunderschön

Take-aways aus diesem Kapitel für Ihren Alltag

Frank Behrendt
Was Sie tun können, um Mut zu trainieren und Faulheit zu genießen:

- **Weit weg von zu Hause:** Sie haben es gerade gelesen: Damit ein Miteinander funktioniert, bedarf es eines gesunden Maßes an Angepasstheit. Aber spannender und beglückender ist am Ende ein Leben, aus dem wir auch einmal ausbrechen. Das muss nicht immer direkt radikal und extrem risikoreich sein. Mut ist ein sehr variabler Begriff, denn am Ende hat er sehr viel mit der individuellen Persönlichkeitsstruktur zu tun. Jeder von uns hat seine ganz eigene Mut-Absprungebene. Bei manchen ist sie höher, bei anderen sehr tief. Aber ganz egal, am Ende bedeutet Mut, sich zu überwinden. Was ist Ihnen unangenehm? Alleine auf Veranstaltungen zu gehen? Sich bei einer Diskussionsrunde zu Wort zu melden? Einem unangenehmen Vorgesetzten die Meinung zu sagen? Am Ende hat es immer damit zu tun, sich gegen die innere Sperre durchzusetzen, die aufgestellte Hürde zu überwinden. Wenn man es geschafft hat, ist es ein regelrecht befreiendes Gefühl, das einem unglaublich viel Kraft und Selbstbewusstsein vermittelt. Oft ist man kurioserweise gerade dort gehemmt, wo einen die Menschen kennen, im Büro, in seinem vertrauten privaten Umfeld. Der alte Spruch unserer Großeltern „Was sollen die Leute denken?" ist in uns allen oft noch tief verwurzelt und hindert uns, anders als zuvor zu agieren. Wir ziehen also die Mutbremse. Ein guter Trick ist, sich möglichst weit von dem eigenen „Home Turf" zu entfernen. Buchen Sie sich bei einem Seminar oder Workshop ein, der weit weg von Ihrer vertrauten Umgebung stattfindet. Wenn Sie im Süden wohnen und an einem Seminar im Kreativen Haus in Worpswede hinter Bremen teilnehmen, ist die Wahrscheinlichkeit eher gering, Ihre Nachbarn oder Vorgesetzten zu treffen. Da können Sie einmal ein anderes Gesicht zeigen, sich etwas trauen. Es macht Spaß und Sie fahren mit einem Schuss Selbstüberraschung wieder nach Hause. Und Sie werden sehen: Einfach, weil Sie sich mit der einen oder anderen veränderten Attitüde so wohlgefühlt haben, nehmen Sie diese automatisch mit in den Alltag.

- **Rollenwechsel**: Schlüpfen Sie mal in eine andere Rolle – einer wie ich, der in der Karnevalshochburg Köln wohnt, macht das mindestens einmal im Jahr. Sich verkleiden befreit, denn man ist temporär ein anderer. Als Star-Wars-Krieger, Rockstar oder Jack Sparrow tritt man anders auf als gewohnt, weil die Rolle es fordert und jeder, der einen in dem Kostüm sieht, auch ein entsprechendes Verhalten voraussetzt. Das macht vieles einfacher. Auch Konzerte sind eine gute Bühne, um Mut zu tanken. Ich hatte einmal einen Mitarbeiter, der im Büro oft ein sehr zurückhaltender Kollege war. Als mir Arbeitskollegen erzählten, dass ausgerechnet er einmal im Jahr zu einem Heavy-Metal-Festival fährt, war ich fassungslos. Nachdem ich es wusste, beobachtete ich ihn und nahm eine Veränderung bei ihm war, als er am Montag wieder ins Büro kam. Sein Gang und sein Blick waren anders – dynamischer, voller Energie. Ich habe mir insgeheim gewünscht, er wäre öfter zu einem Festival gefahren. Machen Sie es doch auch öfter, ob Schlager oder Rock – stürzen Sie sich mit Gleichgesinnten mal wieder in ein Konzertgetümmel, es macht Spaß, befreit und Sie nehmen positive Power mit.
- **Training mit Social Media:** Viele von uns trauen sich nicht, von Angesicht zu Angesicht etwas zu sagen, fürchten eine negative Reaktion, haben Angst, die richtigen Worte zu finden. Dafür gibt es heute ein sehr gutes digitales Trainingslager: die sozialen Netzwerke. Melden Sie sich bei Twitter oder LinkedIn an und kommentieren Sie Beiträge anderer. Sie können zustimmen, einen Aspekt ergänzen oder auch mal eine andere Position einnehmen. Im Gegensatz zum Live-Gespräch können Sie sich hier Zeit lassen, länger überlegen, an den Worten feilen, bevor Sie auf „Senden" drücken. Und Sie werden sehen, es ist gar nicht schlimm. Andere werden Ihnen zustimmen, Ihren Kommentar liken oder auch mal nicht gut finden. Egal, es passiert nichts wirklich Schlimmes. Wenn Sie Lust haben, können Sie auch eigene Beiträge verfassen zu einem Thema, das Ihnen liegt. Einfach machen, es schult und ist auf jeden Fall eine gute Erfahrung, die Sie bei Gelegenheit dann auch in die analoge Welt übertragen können. Denn sich zu Wort zu melden und seine Meinung zu sagen, ist ein gutes Gefühl und die Resonanz wird in den meisten Fällen eine positive sein.

4 Mut, oder: Faul sein ist wunderschön

- **Fragen Sie nach:** Oft höre ich von Menschen, denen der Mut fehlt, andere anzusprechen – und dabei geht es wahrlich nicht nur um die Anbahnung von Liebesbeziehungen. Auch im Büro oder unterwegs sind – gerade in einer immer digitaler tickenden Welt – weit mehr Hemmungen bei jungen und älteren Menschen vorhanden, als sich viele vorstellen können. In diesem Kapitel hat Ihnen Bertold Ulsamer unter anderem von dem Sitzplatz-Experiment erzählt. Es ging nicht um den Sitzplatz, sondern um die Überwindung, nach ihm zu fragen. Das lässt sich auf viele Bereiche übertragen. Im Urlaub, wenn andere fröhlich Volleyball oder Fußball spielen und man eigentlich gerne mitspielen möchte. Da muss man fragen. Oder die fröhliche Runde an einem Tisch, zu der man sich liebend gerne dazugesellen würde. Auch da müsste man fragen. Ich war früher ein schüchterner Junge, habe mich kaum getraut, jemanden anzusprechen. Meine Mutter hat mich deshalb im Urlaub immer dazu angehalten, nach dem Weg zu fragen – obwohl sie ihn ganz genau kannte, wie sie mir später beichtete. So habe ich die Scheu verloren zu fragen und frage heute liebend gerne, zum Beispiel beim Einkaufen, wenn ich im Supermarkt etwas nicht finde, was permanent vorkommt. Die besten Trainingsgelände um die Ansprache zu trainieren sind Wochen-, Floh- und Antikmärkte sowie Messen. Denn da sind Menschen, ja, Enthusiasten, die gerne erklären und erzählen. Fragen Sie drauf los, fragen Sie nach, lassen Sie sich was erzählen – niemand wird überrascht sein, wenn er angesprochen wird – im Gegenteil. Als Windfall-Profit lernen Sie auch noch etwas dabei.
- **Faulsein genießen:** Wo wir so viel von Mut sprechen – am Ende gehört auch Mut dazu, sich einmal zum Faulsein, oder poetischer: zum „süßen Nichtstun", zu bekennen. Zumindest gegenüber anderen. In unserer auf Performance getrimmten Welt ist „Zerstreuung", von der so mancher deutscher Dichter berichtete, verdächtig. Schließlich propagiert ein Baumarkt lautstark in der Fernsehwerbung: „Es gibt immer was zu tun." Dabei brauchen wir Pausen, allein schon, um wieder Schwung zu nehmen, um aufzutanken, zur Inspiration. Pippi Langstrumpf war egal, was andere dachten, sie machte ihr Ding. Wenn sie Lust auf ein Abenteuer hatte, ritt sie los.

Wenn sie Unfug im Kopf hatte, spielte sie anderen einen Streich. Und wenn sie faul sein wollte, dann war sie es. Beneidenswert. Dabei können wir das auch. Wir müssen uns nur vom Rechtfertigungsdruck freimachen. Natürlich ist es nicht ratsam, mitten im Arbeitsprozess die Pippi Langstrumpf zu geben. Da wäre der Ärger der anderen berechtigt, denn die Prozesskette würde unterbrochen, andere in Mitleidenschaft gezogen, ein Ergebnis geschädigt. Es geht vielmehr darum, uns in Zeitfenstern – die wir alle haben – die Muße zu nehmen, um einfach einmal frei zu sein und durchzuatmen. Im Hollywood-Blockbuster „Pretty Woman" entführt die zauberhafte Hauptdarstellerin den von Richard Gere gespielten rastlosen Top-Manager auf eine Wiese. Dort zieht er Schuhe und Strümpfe aus und fühlt seit Jahren zum ersten Mal wieder Gras. Sein Blick ist umwerfend. Was hindert uns daran, uns in den Pausen einfach mal – mit ausgeschaltetem Smartphone – auf eine Wiese zu legen? Oder mit den inzwischen überall herumstehenden Miet-Fahrrädern ans Ufer des Flusses zu fahren, uns dort auf einen Stein zu setzen und den vorbeifahrenden Schiffen hinterher zu blicken? Faktisch nichts. Praktisch ein „ABER" im Kopf. Nehmen Sie einen Zettel und schreiben fett ABER darauf. Schreiben Sie dann noch fetter NIX aber darüber. Und dann machen Sie es einfach. Es macht glücklich.

- **Lazy Hour einführen:** Wenn man sich so umhört, haben viele von uns nicht nur während der Arbeitswoche Stress, sondern auch am Wochenende. Gerade der Samstag wird vielfach vollgepackt mit lauter Dingen, „für die man unter der Woche keine Zeit hat". Und selbst am Sonntag gibt es jede Menge Verpflichtungen. Alle, die Kinder haben, wissen, wovon ich spreche. Umso wichtiger ist es, sich bei all den Verpflichtungen bewusste Breaks zu gönnen. Zum Beispiel, um einmal ganz bewusst NICHTS zu tun. Wir alle wissen, dass unser Gehirn nie ganz abschaltet. Also auch wenn wir faktisch nichts machen, wird oben im Kopf fleißig weitergearbeitet. Allerdings wird an andere Dinge gedacht, wenn man im relaxten Modus ist. Viele Kreative kommen so auf die allerbesten Ideen. Ein hochdekorierter Werber hat mir mal erzählt, dass er immer um 12:00 Uhr eine Ruhepause im Liegen einlegt – in einer Hängematte, die er im Garten vor der Agentur zwischen zwei Bäumen befestigt hatte. Er schlief nicht, sondern hatte die Augen geschlossen und dachte nach. In diesen Momenten hatte er stets die besten Ideen, weil er nicht abgelenkt war und die Perspektive wechselte. Jede Menge Auszeichnungen waren der Lohn. Richten Sie sich ein Wochenend-Ritual ein – eine „Lazy Hour", wie mir ein Trainer an der Harvard University einmal von seiner erzählte. Wichtig dabei ist, dass man es durchzieht. Ob morgens, mittags oder abends ist egal. Ebenso ob Hängematte, Liegestuhl oder Isomatte – wichtig ist nur, dass es sich um ein Sitzmöbel handelt, das einen Kontrast zum klassischen (Büro-)Stuhl bildet. Und Sie sollten nicht abgelenkt sein von einem anderen Medium, also keine Berieselung durch Musik etc. Wenn es an einem ruhigen Ort mangelt, dann nutzen Sie Ohropax oder Kopfhörer. Diese „Lazy Hour" soll Sie reduzieren auf das Wesentliche – auf Sie selbst. Besagter Trainer empfahl ein „Lazy Hour Diary" – ein Tagebuch. Nach der Stunde schreibt er die Dinge hinein, die ihm in dieser Stunde durch den Kopf gegangen sind. Und vor der nächsten Mußestunde schaut er sich die Aufzeichnungen vom letzten Mal noch einmal an. Unsere Festplatte sorgt dann dafür, dass gute Gedanken weitergesponnen werden. Und so hat der Trainer aus Harvard schon so manche brillante Idee entwickelt – während seiner eigentlich faulen Stunden. Ich habe seinen Ansatz kopiert und zelebriere das Modell wöchentlich samstags zur High-Noon-Zeit in einem Liegestuhl. Es ist großartig.

- **Liebenswürdig sein:** Zum Schluss möchte ich noch den Gedanken, den Bertold Ulsamer am Ende aufgriff, weiterspinnen. Er sprach von der Liebenswürdigkeit. Ein wunderbares Wort. Belassen Sie es nicht bei dem Wort, setzen Sie es um. Liebenswürdigkeit lohnt sich, denn wer sie lebt, bekommt in der Regel etwas zurück: Dankbarkeit, ein Strahlen, ein Lächeln. Die Lehrerin in meiner Grundschule in Rio de Janeiro, Frau Hoffmann, bastelte mit uns jeden Freitag kleine lachende Sonnenblumen. Jeder ging mit einer im Ranzen ins Wochenende. Frau Hoffmann bat uns, bevor sie uns verabschiedete, einem Menschen, den wir am Wochenende trafen und der nicht glücklich aussah, unsere kleine Sonne zu schenken – einfach so. Als Geste der Liebenswürdigkeit. Wir haben das brav gemacht und wurden mit positivem Feedback reich belohnt. Wenn ich daran zurückdenke, wird mir die Genialität dieser Maßnahme noch einmal bewusst. Deshalb: Nehmen auch Sie teil an der Mission meiner früheren Lehrerin und überraschen Sie Menschen mit einem Schuss Liebenswürdigkeit. Sie müssen dazu nicht unbedingt eine lachende Sonnenblume basteln, oft reicht schon ein Lob, ein Dankeschön, die spontane, aufrichtige Wertschätzung für andere – zum Beispiel für diejenigen, die täglich ihren Job machen zu unser aller Wohl. Polizisten, Bäckereiverkäuferinnen, Schülerlotsen, Feuerwehrleute, Busfahrer und all die anderen.

Literatur

Allmann JF (2019) Sind Millennials verweichlicht und arbeitsscheu? vom 22.04.2019. https://www.bento.de/future/vorurteile-ueber-millennials-sind-sie-verweichlicht-und-arbeitsscheu-a-c7ab860e-4ee2-4456-93ce-881e2d4ca2eC. Zugegriffen am 05.06.2019

Gentner AM (2016) Die Typen aus dem Tierreich, GEO 2/2016

Milgram S (1974) Die gut bekannten Fremden. Interview mit Carol Tavris. Psychologie heute, 10/1974

Rath CK (2017) So tickt die nächste Generation von Führungskräften, veröffentlicht 15.06.2017. https://www.welt.de/wirtschaft/bilanz/article165487392/So-tickt-die-naechste-Generation-von-Fuehrungskraeften.html. Zugegriffen am 22.04.2019

Shivik J (2018) im Interview mit Worall J, Verschiedene Persönlichkeiten helfen Tieren beim Überleben, National Geographic vom 23.01.2018. https://www.nationalgeographic.de/tiere/2018/01/verschiedene-persoenlichkeiten-helfen-tieren-beim-ueberleben. Zugegriffen am 20.05.2019

Ulsamer B (2012) Die gestresste Seele. Neue Kraft bei Burnout und Erschöpfung. Kösel, München

zeitjung (2019) Vorbilder und warum wir sie brauchen (o.V.). https://www.zeitjung.de/vorbilder-und-warum-wir-sie-brauchen/. Zugegriffen am 09.06.2019

5

Positive Energie, oder: Pinke Flamingos im Büro

Am Schreibtisch wird täglich gekämpft. Gegen Arbeit, Vorgesetzte, Druck. Negative Energie heißt die Mauer, die kaum zu überwinden ist. Schaffen Sie eine andere Atmosphäre im Büro!

Frank Behrendt
„Papa, bei dir sieht es ja aus wie in einem Spielzimmer" war der Kommentar von Holly, als sie das erste Mal bewusst mein Büro begutachtete. Pappfiguren meiner Kindheitshelden hinter meinem Schreibtisch, ein kleines Auto und Spielzeugindianer darauf, ein flauschiges Porg aus Star Wars auf dem Sideboard, ein fröhlich wackelnder himmelblauer Hoptimist daneben. Während meines gesamten bisherigen Berufslebens habe ich mich nicht an gängige Konventionen

---

Elektronisches Zusatzmaterial Die elektronische Version dieses Kapitels enthält Zusatzmaterial, das berechtigten Benutzern zur Verfügung steht https://doi.org/10.1007/978-3-658-27935-6_5. Die Videos lassen sich mit Hilfe der SN More Media App abspielen, wenn Sie die gekennzeichneten Abbildungen mit der App scannen.

gehalten und über eine „Clean-Desk-Policy" habe ich immer nur gelacht. Ich kokettierte stets damit, dass ich sofort kündigen würde, wenn mich jemand zwingt, in einem schmucklosen Büro an einem leeren Schreibtisch zu sitzen. Dazu kam es bisher nicht. Im Gegenteil.

Kürzlich zog ich im Kölner Haus der Agentur Serviceplan auf der 4. Etage mit meiner Kollegin Esther zusammen. Sie ist die Chefin unserer Media-Agentur und wir haben einen sehr guten Draht. Ich saß zuvor auf der 3. Etage und manchmal war es wie im Zoo, wenn Kollegen Gäste vorbeiführten und sagten: „Hier sitzt unser Franky". Jeder Besucher hatte sofort ein Lächeln im Gesicht, auch wenn man nicht immer genau ergründen konnte, ob es nicht auch ein verstecktes Kopfschütteln enthielt über den verrückten erwachsenen Mann mit dem vielen Krimskrams um sich herum. Esthers Lächeln enthielt kein Kopfschütteln. Und deshalb durfte ich meine Figuren auch mitnehmen in ihr Büro, in dem ich ihr jetzt gegenüber sitze. Weil es ein modernes Büro ist, ist es komplett verglast, alle vorbeigehenden Kollegen haben freie Einsicht. Es ist immer wieder witzig zu beobachten, wie sich sofort die Mundwinkel der Flurwanderer nach oben richten, wenn sie Esther, Han Solo, Spock, den zotteligen Chewbacca und mich gemeinsam in unserem Office sehen.

Als Holly kürzlich da war, die Esther natürlich sofort in ihr Herz schloss, zog sie ihre kleine Stirn in Falten und fand, dass noch etwas fehlen würde: pinke Flamingos. Die liebt sie, seit wir diese im Urlaub auf Kreta zum ersten Mal im Dauereinsatz hatten. Zwei der riesigen aufblasbaren putzigen Vögel begleiteten uns, auch wenn einem am Ende die Luft ausging, nachdem wir ein Flamingo-Wettrennen im Pool veranstaltet hatten. Dazu saß man rückwärts zum Flamingohals gerichtet in dem Reifen und paddelte mit den Armen durchs Becken. Die Kinder trugen die pinken Freunde locker durchs Wasser, bei mir, dem 95-Kilo-Mann, ging einem der beiden die Luft aus. „Papa, der Flamingo-Killer" war fortan mein Spitzname. Angefixt durch die Flamingo-Manie in den Ferien entdeckte Holly daheim in einem Kölner Blumenladen eine ganze Armada der langbeinigen Vögel. Große, mittlere und ganz kleine. Sechs Stück mussten gekauft werden, Papa, Mama, die drei Kinder und ein ganz kleiner für Fee, unsere französische Bulldogge. Die stehen jetzt in trauter Eintracht bei uns auf der Dunstabzugshaube und sorgen für ein tägliches Urlaubs-Flashback.

Als Holly im Büro am Schreibtisch stand und ihre Kräuselstirn machte, musste sie genau diesen Gedanken gehabt haben. In der Mittagspause düsten wir zu besagtem Blumenladen und kauften weitere Flamingos, die seitdem meine Bürowohngemeinschaft bevölkern. Warum positive Anker extrem motivieren und etwas mehr Kinderzimmerattitüde auch im Büro gut tut – davon handelt dieses Kapitel. Holly checkte beim nächsten Besuch zufrieden die Lage und erklärte: „Jetzt ist bei euch auch im Büro immer ein bisschen Urlaub." Wieder einmal hatte die kleine Impulsgeberin recht gehabt. Es gibt niemanden, der uns nicht auf die pinken Burschen anspricht und nach der Bezugsquelle fragt. Wie ich Holly kenne, wird sie im „Blumengarten" am Friesenplatz beim nächsten Besuch eiskalt, aber mit einem Lächeln nach einer Flamingo-Erfolgsbeteiligung fragen.

Bertold Ulsamer
Pinke Flamingos auf Ihrem Schreibtisch am Arbeitsplatz? Ich sehe schon die Leser pikiert den Kopf schütteln. Zu Recht! Denn natürlich geht es in diesem Kapitel nicht darum, die Unternehmenswelt – wie die Dunstabzugshaube bei Behrendts zu Hause – mit unzähligen Flamingos zu verschönern. Die Flamingos erinnern die ganze Familie an die wunderbare Zeit im Urlaub auf Kreta, als man voller Begeisterung Flamingo-Wettrennen im Pool veranstaltete und Papa sich den Spitznamen „Flamingo-Killer" verdiente.

Flamingos sind in der Familie Behrendt heute der persönliche „Anker", der sie an diese Zeiten erinnert und positive Emotionen hervorruft.

„Anker" als Wort tauchte ja schon auf im Spielzeuggeschäft der Träume mit seinen Cowboys und Indianern. „Anker" ist ein wichtiger Begriff im NLP. Es ist nun an der Zeit, Ihnen erst einmal dieses ominöse „NLP" zu erklären – falls es Ihnen nicht schon bekannt ist – und etwas von seinem Hintergrund zu vermitteln. Ich bin der Methode 1982 begegnet, war sofort fasziniert, habe dann an allen Ausbildungen bis zum Trainer in den USA teilgenommen und habe dabei viel gelernt und verstanden.

Was war das Neue und Aufregende daran?

Methode NLP – Neuro-Linguistisches Programmieren

Der Begriff Neuro-Linguistisches Programmieren setzt sich aus drei Teilen zusammen. „Neuro" steht für neurologisch. Damit sind Prozesse auf der körperlichen Ebene gemeint. Auch Gefühle lassen sich als körperliche Prozesse beschreiben. „Linguistisches" bezieht sich auf Sprache. „Programmieren" weist auf unsere inneren Denkprogramme hin. NLP untersucht die wechselseitigen Zusammenhänge zwischen Körper, Sprache und Denken und lehrt den erfolgreichen Umgang mit Menschen. Es enthält eine Vielzahl von Techniken und Ansätzen. Zwei Schwerpunkte sind:

1. Die Kunst, seine Mitmenschen zu verstehen und sich ihnen verständlich zu machen.
2. Die Kunst, bei sich selbst und bei anderen positive Veränderungen in Gang zu setzen.

Die Entwicklung von NLP startete in den 1970er-Jahren in Kalifornien an der Universität Santa Cruz. Zwei junge

5 Positive Energie, oder: Pinke Flamingos im Büro

amerikanische Wissenschaftler, John Grinder und Richard Bandler, begannen, die Arbeit einiger der bedeutendsten amerikanischen Therapeuten (Fritz Perls, Milton Erickson, Virginia Satir) zu erforschen. Diese Therapeuten waren dafür bekannt, dass sie erstaunliche Erfolge bei den schwierigsten Problemen erzielten. Bandler und Grinder beobachteten die berühmten und erfolgreichen Therapeuten bei der Arbeit und analysierten ihre Video- und Tonbandaufnahmen bis ins kleinste Detail. So fanden sie heraus, wie die therapeutischen „Magier" auf ihre Klienten eingingen und wie sie bei ihnen manchmal wie Wunder wirkende Veränderungen im Denken und Verhalten erzielten. Später schlossen sich eine Reihe von intelligenten Kommunikationsforschern den beiden Gründern an und erweiterten dieses Wissen und die Forschungen.

„Modelling" wird das Vorgehen genannt, das zu den Grundlagen des NLP führte und gleichzeitig die Grundlage des NLP ist. Jemand mit einer Spitzenleistung dient als Modell. Zunächst sucht der NLPler nach den genauen Mustern und Strukturen des Denkens und Handelns seines Modells. Hat er sie gefunden – das ist die Annahme –, dann ist er selbst in der Lage, die gleiche Leistung zu erbringen oder ihre Grundlagen anderen zu vermitteln. Erforscht wurden bald außer Therapeuten auch andere Spitzenkönner wie Manager, Wissenschaftler, Juristen oder Künstler (Walt Disney!). Die Fragen, die dabei gestellt werden, lauten: Was machen solche Spitzenkönner intuitiv richtig – im Unterschied zu anderen, die erfolglos sind? Welche Gesetzmäßigkeiten und Regeln gibt es in ihrem intuitiven Vorgehen?

Vera F. Birkenbihl verdichtet das Ergebnis in einem Bild: „Auch diese super-erfolgreichen Therapeuten hatten ja aus irgendwelchen ‚Quellen getrunken', bevor das ‚Quellwasser' durch ihre Arbeit und ihren erfolgreichen Stil quasi zu ausgezeichnetem Wein geworden war. Bandler und Grinder nun nahmen einige ‚alte Schläuche' voll solchen Weins, leerten diese in ein großes Faß und brauten daraus einen hochprozentigen Cognac! Diesen füllen sie sodann in neue

Schläuche, welche sie höchst erfolgreich zu vermarkten begannen." (Birkenbihl et al. 1987)

Einwände gegen NLP? Manchmal treten Vertreter marktschreierisch auf und versprechen einem das Blaue vom Himmel. Auch NLP kocht nur mit Wasser – nicht alles ist erreichbar. Allerdings mehr, als der Einzelne sich manchmal zutraut! Und bei aller Exzellenz, die NLP zu vermitteln verspricht, es kommt immer auf den Menschen an, der etwas anwendet. Seine Werte und sein persönlicher Hintergrund bestimmen die Richtung des Handelns. Techniken sind wichtig und hilfreich – aber noch wichtiger sind die Haltungen dahinter. Versuche ich, andere mit den Techniken (Anker!) auszutricksen oder nutze ich sie zur besseren Kooperation? Denke ich nur rücksichtslos an meine Interessen oder beziehe ich die des Gegenübers mit ein?

Wie praxisnah und kulturübergreifend der Ansatz ist, wurde mir deutlich, als ich vor über zehn Jahren das erste Mal zu Seminaren nach China eingeladen wurde. Das Institut war eines von drei großen NLP-Instituten, die inzwischen in China gegründet worden waren. NLP war ein westlicher Ansatz, dessen Methoden auch Chinesen gerne nutzten.

Anker

Was ist mit „Ankern" gemeint und was ist ihr Sinn? Für die Antwort hole ich etwas aus. Unser Gehirn hat die Angewohnheit, dass es schnell und automatisch Reize miteinander verkoppelt. Das Ur-Experiment hat Pawlow mit Hunden durchgeführt. Wenn die Klappe zum Futter aufging, erklang zugleich stets ein Glockenton. Nach einigen solcher Futtergaben reichte schon allein der Glockenton, damit der Speichel der Hunde zu fließen begann. Das Wasser lief sozusagen im Maul zusammen, weil der Körper jetzt auf sein Futter wartete. Ein eigentlich neutraler Reiz, der

5 Positive Energie, oder: Pinke Flamingos im Büro

Glockenton, hatte sich mit einer bestimmten Reaktion, dem Speichelfluss, verknüpft.

Wenn wir eine ähnliche Erfahrung gemacht hätten – nach jedem Glockenton je nach Geschmack ein leckeres Stückchen Schokolade oder eine Biomöhre –, dann würden wir erst einmal von Erwartungen sprechen, die das Wasser im Mund zusammenlaufen lassen. Aber das ist zu kurz gedacht. Wir müssen nichts erwarten, wir müssen an gar nichts denken. Der Körper reagiert automatisch auf diesen Auslösereiz. Im NLP werden solche Auslöser als Anker bezeichnet.

Genauso geschah es bei den Behrendts. Sie sahen die Flamingos (Glockenton) zu einem Zeitpunkt, als sie sehr fröhlich (Futter) miteinander waren. Flamingos verknüpften sich von selbst mit Fröhlichkeit und dem Urlaubsgefühl. Wenn dann Holly wieder einen Flamingo sieht, wird sie von ganz allein ein Stück fröhlicher. Beim Pawlowschen Hund genügt eine Glocke, dass ihm das Wasser im Maul zusammenläuft, bei den Behrendts hat ein Flamingo eine ähnliche Wirkung – natürlich im übertragenen Sinn. Und das Faszinierende ist, dass sich diese gute Laune ausbreitet und andere ansteckt. Pinke Flamingos werden so zu positiven Ankern. Selbst bei mir ist es schon geankert – ich las vorhin in einem Internetartikel etwas über „rosarote Flamingos" und musste lächeln.

Dieses Phänomen tritt immer wieder auf und begleitet uns ganz selbstverständlich tagtäglich. Wir wissen das auch und nutzen es ganz selbstverständlich. Sie stellen als visuellen Anker ein Foto Ihrer Lieben auf den Schreibtisch oder hängen ein Urlaubsfoto an die Wand Ihres Büros. Ein Rocksong aus Ihrer Jugend, ein auditiver Anker, bringt Ihnen die besondere Stimmung von damals zurück. Wenn Sie sich diesen Song am Montag auf der Fahrt zum Arbeitsplatz anhören, fühlen Sie sich sofort kraftvoller. Und wenn Sie Ihren Lieblingsschmusesong von damals auf dem Nachhauseweg hören, begrüßen Sie die Liebsten zu Hause – oder auch nur den Nachbarn – freundlicher.

Natürlich gibt es auch negative Anker. Wäre dem Hund jedes Mal nach dem Glockenton ein Stromstoß versetzt worden – solche Experimente wurden mit Ratten gemacht –, dann würde er lernen, jedes Mal beim Glockenton zusammenschrecken. Sie kennen das Phänomen: Sie haben eine unangenehme Auseinandersetzung mit einem Kunden. In Zukunft genügt es, wenn Sie sein Gesicht sehen, ja, wenn Sie nur an ihn denken, damit Sie ärgerlich werden und Ihre Stimmung einbricht. Dieser Kunde ist zum Anker für Ärger geworden.

Positive Anker können die Wirkung von negativen ausgleichen. Sie sitzen im Büro, der unangenehme Kunde fällt Ihnen ein. Ihre Mundwinkel gehen nach unten und die Stirn runzelt sich. Dieser Idiot! Dann wandert Ihr Blick zum Urlaubsfoto an der Wand. Ein Lächeln will in Ihr Gesicht kommen. Noch kämpft es ein bisschen in den Mundwinkeln, aber je länger Sie zu dem Bild schauen, desto stärker wird die positive Wirkung. Das Lächeln setzt sich allmählich durch und damit entspannt sich etwas. Ein neuer Gedanke kommt Ihnen in den Sinn: Vielleicht war er einfach auch nur schlecht gelaunt. Der positive Anker hat sich mit dem negativen gemischt und ihn verändert.

Über das Ankern gibt es noch viel mehr zu sagen. Ich habe mich hier auf eine sehr kurze Einführung beschränkt. Wenn Sie „NLP Anker" googeln, finden Sie eine Fülle von Material und YouTube-Videos.

Ressourcen und Blockaden

Ankern ist nur eine von vielen nützlichen Methoden des NLP. Begeistert, inspiriert und persönlich verändert hat mich vor allem das Grundverständnis von Ressourcen und Blockaden. Die meisten Menschen haben ein paar Probleme – mit Vorgesetzen, in der Partnerschaft und mit Eltern oder Kindern, mit Stress, mit inneren Spannungen –, nicht unbedingt permanent (manche schon), aber Probleme kehren doch mit einer gewissen Regelmäßigkeit wieder. Was tun? „Augen zu und durch" ist der verbreitete Umgang damit. Die gleichen Vorwürfe, der gleiche Ärger, die gleichen Entschuldigungen und Schuldgefühle, die gleichen Rituale der Versöhnung oder des Vergessens.

Als ich Psychologie studierte, kam die Gestalttherapie aus den USA nach Deutschland. Neugierig besuchte ich ein Seminar und war fasziniert. Folgende Situation: Ein Teilnehmer sitzt im Seminar im Kreis – damals saß man immer am Boden auf einem Kissen – und klopft etwas genervt mit dem Finger auf dem Boden. Der Leiter bemerkt das und fordert ihn auf: „Mach das stärker! Schneller! Mehr!" Innerhalb von einer Minute ist der Mann völlig entfesselt, schlägt auf ein Kissen vor sich ein und schreit seinen Ärger hinaus. Wow! Das beeindruckte mich! Da gibt es eine kleine Stimmungsstörung und gebe ich der nach, kommt ein Riesenberg an bislang unterdrückten Emotionen, vor allem oft Ärger, nach oben.

Die Idee war, dass ein solcher Ausbruch, eine Katharsis, jemanden von den alten Gefühlen befreit, sodass er in Zukunft frei von Ärger in neue Situationen geht. Klingt einleuchtend, weil man selbst die befreiende Wirkung erlebt. Leider funktioniert das nicht auf Dauer, denn man kann zehn Jahre lang so auf Kissen schlagen und der gleiche Ärger kommt doch wieder zurück. NLP hat einen anderen Ansatz. Es widmet den negativen Gefühlen nur begrenzte Aufmerksamkeit. Dabei unterscheidet es zwei entgegengesetzte Zustände, in denen wir uns befinden können. Zum einen den Zustand der Ressourcen. Dann fühlen Sie sich entspannt, sind kraftvoll, energiegeladen und präsent. Sie alle kennen diesen Zustand. Schwierigkeiten am Arbeitsplatz lösen Sie dann meist leicht. Selbst wenn Sie keine

Lösung wissen, finden Sie den Zugang zu den notwendigen Informationen, um das Problem zu beseitigen. Entscheidungen fällen Sie leicht, auch komplizierte Verhandlungen führen überraschend schnell zu Ergebnissen. Holly erleben wir in allen Geschichten im Zustand ihrer Ressourcen.

Der andere Zustand ist der der Blockade. Sie sind angespannt, gestresst, nervös oder kraft- und energielos. Die Gedanken kreisen, ohne dass sie zu sinnvollen Handlungen führen. Nichts klappt mehr. Wenn Sie in diesem Zustand Entscheidungen treffen oder Probleme lösen wollen, schwanken Sie unsicher hin und her. Ihnen fehlen in diesem Moment der Überblick und die Kraft, die für gute Entscheidungen erforderlich sind. Wenn schwierige Gespräche zu führen sind, können aus kleinen Missverständnissen weitreichende Auseinandersetzungen wachsen.

NLP schlägt nun vor, dass Sie nicht mit Ihren Blockaden kämpfen (oder sie loswerden wollen, indem Sie auf Kissen schlagen), sondern dass Sie Ihre Ressourcen aktivieren, so wie oben der Blick auf das Urlaubsfoto die Einstellung zum schwierigen Kunden änderte. Ressourcen haben Sie in einer Vielzahl. Sie könnten sich tausend davon notieren – das habe ich schon Leuten als Aufgabe gestellt. Es sind alle Stärken, Fähigkeiten, überstandenen Krisen, Lernerfahrungen und positiven Erinnerungen. Jeder von uns besitzt davon einen reichen Schatz (Ulsamer 2018). Wer nun blockiert ist, hat im Moment den Zugang zu seinen Ressourcen nur vergessen oder verloren. Aber sie sind nicht weit weg! In vielen Techniken und Methoden des NLP geht es darum, die Ressourcen zu wecken. Damit lernen die Führungskräfte, ihre Stärken und Erfahrungen besser für schwierige Situationen zu nutzen.

Testen Sie dieses Vorgehen doch gleich einmal persönlich. Nehmen Sie sich wirklich Zeit für die Beantwortung der folgenden Fragen und spüren Sie zu Ihren Gedanken hin:

1. Welche Situation aus Ihrem Alltag fällt Ihnen spontan ein, in der Sie sich manchmal blockiert fühlen?
2. Welche Fähigkeit oder Eigenschaft (Ressource) würde Ihnen in dieser Situation gut tun? Finden Sie die richtige Bezeichnung.
3. Wann haben Sie diese Ressource das letzte Mal in einer Situation voll erlebt?
4. Erinnern Sie sich genau daran, was Sie in dieser Situation gesehen und gehört und wie Sie sich gefühlt haben.
5. Wie wäre es, wenn Sie diese Ressource in der blockierten Situation nutzen würden?

Wenn jemand diese Fragen – gleichzeitig entspannt und konzentriert – beantwortet, geschieht etwas Verblüffendes: Es ist so, als ob im Kopf neue Bahnen gelegt werden, die Kräfte in die anfangs so negativ wirkende Situation lenken. Plötzlich werden neue Möglichkeiten wach, um anders als bisher zu reagieren und aus dem bisherigen Teufelskreislauf herauszukommen.

Freude an der Arbeit

Schaffen Sie eine andere Atmosphäre im Büro! Die Aufforderung steht am Beginn der Geschichte. Was kann man tun, statt am Schreibtisch täglich gegen Arbeit, Vorgesetzte, Druck zu kämpfen? Wie die Mauer der negativen Energie überwinden? Erkenntnisse aus dem Spitzensport zeigen die Richtung. Sie lassen sich leicht auf den Arbeitsplatz übertragen. James Loehr hat viele Jahre lang höchst erfolgreich in den USA Spitzensportler trainiert. Dabei befragt er sie immer wieder zu ihren Einstellungen und ist zu faszinierenden Ergebnissen gekommen (Loehr 1988, S. 49–52).

Ihm zufolge herrschen völlig falsche Vorstellungen über die Voraussetzungen ausgezeichneter Leistungen. Er befragte Spitzensportler, in welchem Zustand sie ihre Höchstleistungen vollbracht haben und unterschied danach folgende Zustände: den Zustand hoher Energie und den Zustand geringer Energie. Den Zustand hoher Energie unterteilt er in positive hohe Energie wie Freude und Begeisterung und negative hohe Energie wie Druck und Angst. Geringe Energie teilt sich ebenfalls auf in positive geringe Energie wie Gelassenheit und Heiterkeit und negative geringe Energie wie Langeweile und Lustlosigkeit.

Von fünfzig Höchstleistungen, die untersucht wurden, ereigneten sich alle fünfzig ohne Ausnahme im Zustand der hohen positiven Energie. Nicht eine einzige herausragende Leistung konnte mit einem anderen Energiezustand in Verbindung gebracht werden. Alle späteren Auswertungen von Maximalleistungen quer durch sieben verschiedene Sportarten führten zu demselben Ergebnis. Durch die Befragungen der Spitzenathleten ergab sich folgendes Bild: Eine gute Leistung erfordert Energie. Negative Energie ist besser als gar keine Energie. Jedoch lag die beste Leistung aus dem Bereich hoher negativer Energie nur bei 60 Prozent, also bei etwas mehr als der Hälfte des geschätzten Leistungspotenzials eines Athleten. In anderen Worten: Unter äußerem oder innerem Druck ist nur eine Leistung knapp über dem Durchschnitt möglich.

Was ist alles positive Energie? Auch dazu machten die Sportler konkrete Aussagen: Spaß, Freude, Liebe, Zielstrebigkeit, Optimismus, Vergnügen, Stolz, Selbstherausforderung, Teamgeist. Diese Energien setzen sich um in entspannte Muskeln, gute Konzentration und einen Zustand innerer Gelassenheit. Negativ erlebt werden Wut, Ärger, Angst, Anspannung, Pessimismus und Frustration. Das spannt die Muskeln an, verschlechtert die Konzentration, und macht innerlich erregt und hektisch.

Diese Einsichten lassen sich leicht auf den Arbeitsalltag übertragen. Macht Ihnen im Moment Ihre Arbeit Freude? Hat sie es früher gemacht? Als junger Mann oder als junge

5 Positive Energie, oder: Pinke Flamingos im Büro

Frau am ersten Arbeitsplatz – waren Sie da tatkräftig, lebensfroh und voller Schwung? Mit der Begeisterung über die eigene Aufgabe und die eigene Leistung? Oder kennen Sie die Freude von Ihren Hobbys oder vom Sport? Vielleicht erledigen Sie Ihre Arbeit auch nur ernsthaft und manchmal sogar leicht verbissen? Der Druck, den Sie sich machen, erzeugt negative Energie. Die kann zwar hilfreich sein, aber Sie hätten weit mehr Energie zur Verfügung, wenn stattdessen Freude da wäre. Alles, was Leichtigkeit, Spaß und Vergnügen in Ihr Büro bringt (pinke Flamingos), steigert die positive Energie und damit das Leistungsvermögen. Das ist eine Kunst und die Herausforderung für Sie! Aber natürlich können Sie sich auch für die Alternative entscheiden, sich weiter durchs Leben und Ihre Arbeit bis zur Rente zu quälen.

Und was ist mit dem Druck, der von außen kommt? Können wir hier etwas vom Spitzensport lernen? Denn Spitzensportler stehen unter dem Druck, immer wieder genau zu einem vorbestimmten Zeitpunkt, nämlich zum Wettbewerb, Höchstleistungen zu bringen. Und zwar nicht nur zwei- oder dreimal im Jahr, sondern – man sehe sich nur die Tennisspieler an – immer wieder regelmäßig zu vielen Zeitpunkten im Jahr. Da trainiert jemand jahrelang eisern für ein einziges herausragendes Ereignis, eine Olympiade oder Weltmeisterschaft. Der Schwimmer oder Leichtathlet hat dann nur eine einzige Chance, sein Können zu zeigen! Schafft das nicht enormen Druck? Loehr dazu: „Eine der wichtigsten und überraschendsten Entdeckungen, die sich aus den Berichten der Befragten ergab, war, dass mental starke Spieler unter Druck nicht gut spielen. Die Erkenntnis war, dass unter Druck niemand gut spielt – auch die Superstars nicht. Geübte und erfahrene Wettkämpfer spielen gut in Situationen, in welchen sie unter Druck stehen, gerade weil sie den auf ihnen lastenden Druck eliminiert haben." (Loehr 1988, S. 39)

Wer Erfolg hat, schafft es also, den Druck, der – eigentlich – auf ihm lastet, mental zu eliminieren. Äußerer Druck lässt sich beiseiteschaffen. Es liegt in der Hand – oder genauer gesagt – im Kopf des Einzelnen, ob der Druck stärker oder schwächer wird. Wer entspannt bleibt, strukturiert die schwierige Situation geistig so um, dass der Druck wegfällt. Es sind die eigenen inneren Antreiber, die den Druck machen. Wenn Sie gelernt haben, in einer guten Form mit ihnen umzugehen, dann können Sie sich freimachen vom Druck und unbeschwert aufspielen – auch wenn viel auf dem Spiel steht. Souveräne Elfmeterschützen in entscheidenden Spielen zeigen, dass es möglich ist.

Darüber hinaus gilt noch: Alles, was Sie gut tun, bereitet Freude. Die Freude steht im Verhältnis zur geistigen Anstrengung, die Sie einbringen, so Flow-Forscher Csikszentmihalyi. Freude macht es, wenn Sie sich herausgefordert, aber nicht überfordert fühlen. Wenn eine Tätigkeit zur Routine wird, weil Sie sie beherrschen, gewinnen Sie wieder Freude daran, indem Sie die Schwierigkeiten erhöhen. Wenn etwas Sie überfordert, müssen Sie hingegen den Weg finden, die Schwierigkeiten zu vermindern. Dann erleben Sie wieder Freude!

Freude verbreiten

Eine Meldung der dpa: „Deutschlands Büros werden pink! Der Bestseller von Behrendt/Ulsamer hat eine Welle entfesselt, die immer mehr Unternehmen erfasst. Pinke Flamingos, soweit das Auge reicht. Dazu noch Han Solo, Spock, zottelige Chewbaccas, Indianer- und Cowboyfiguren. China kommt mit dem Nachschub fast nicht nach. Aber erstaunlicher noch die vielen lächelnden Gesichter in den Büros. Wen man auch anspricht, immer kommen freundliche Reaktionen. Inzwischen klagen schon Apotheken über den schwindenden Absatz von Kopfschmerztabletten, Beruhigungsmitteln und Antidepressiva."

Gut, das war mein Traum in der letzten Nacht – zurück zum normalen Leben. Was können Sie selbst tun, um mehr Leichtigkeit, Entspannung und Freude zu verbreiten? In meinen Führungsseminaren früher war ein zentrales Thema die Anerkennung der anderen (Ulsamer 2004, S. 43–52). Jeder Mensch hat das elementare Bedürfnis, als individuelle Person wahrgenommen zu werden. Keiner möchte nur eine Nummer oder ein austauschbares Rädchen im Getriebe sein. Ein Abteilungsleiter berichtete mir, wie er früher zu Arbeitsbeginn ein allgemeines „Guten Morgen" in das Großraumbüro gerufen hatte. Die Atmosphäre wurde deutlich freundlicher, als er dazu überging, am Morgen herumzugehen, um jeden Mitarbeiter persönlich zu begrüßen. Das ist jetzt nur ein Beispiel für eine kleine Veränderung mit einer großen Wirkung.

Vor allem möchte jeder erleben, dass er auch mit seinem Einsatz und seiner Leistung gesehen wird. Anerkennung nährt auf allen Ebenen – zum und vom Kunden, unter Kollegen, auch vom Mitarbeiter zum Vorgesetzten und vor allem von Vorgesetzten zum Mitarbeiter. Und zu Hause sowieso. Obwohl Mitarbeiter und Vorgesetzte gleichermaßen danach dürsten, ist Anerkennung in der Praxis Mangelware. Jeder will sie – zu wenige geben sie. Je größer der Stress, desto mehr wird das Zwischenmenschliche vernachlässigt. Die Freude schleicht sich traurig durch die Türe hinaus …

In einem Kommunikationstraining für Maschinenführer, die mit wenigen Hilfsarbeitern zusammen teure Druckmaschinen bedienen, lautete meine zentrale Botschaft, wie wichtig es ist, Mitarbeiter anzuerkennen. Die spontane Reaktion der Teilnehmer war: „Erzählen Sie das mal unseren Vorgesetzten!" Ein Vierteljahr später erfolgte ein Training mit den vorgesetzten Abteilungsleitern. Mein Thema:

Mitarbeiter anerkennen. An dieser Stelle die gleiche Reaktion: „Erzählen Sie das mal unseren Vorgesetzten!" Einige Zeit später sogar das Training mit deren Vorgesetzten. Das gleiche Thema – und die gleiche Reaktion. Irgendwie traurig.

Noch eine Episode aus dem ersten Training. Als die Maschinenführer nach ein paar Wochen erneut in meinen Workshop kamen, fragte ich nach ihren Ergebnissen mit dem Anerkennen der Hilfsarbeiter. „Hat jemand eine schlechte Erfahrung gemacht?"

„Ja, ich", meldete sich einer.

„Was ist passiert?"

„Ich habe meinem Hilfsarbeiter ein Lob ausgesprochen – und da hat er mir gleich einen Verbesserungsvorschlag gemacht!"

Da blieb mir erst mal die Sprache weg ... Wenn Sie selbst an Ihrem Arbeitsplatz Anerkennung vermissen, können Sie zwischen zwei Reaktionen wählen: Entweder Sie handeln nach dem Motto „Was Ihnen nicht gegeben wird, soll auch kein anderer bekommen." Sie werden selbst nicht anerkannt, also erkennen Sie grundsätzlich niemanden an. Eine menschlich verständliche Reaktion. Oder Sie machen das Gegenteil. Warum sollten Sie den gleichen Fehler wie andere begehen? Sie sind großzügig mit Anerkennung gegenüber Mitarbeitern, Kollegen. Je mehr Sie andere als Menschen sehen und Ihren Wert anerkennen, desto besser werden die Beziehungen. Wer sich geschätzt fühlt, wird offen, freundlich, ja, herzlich reagieren.

Doch seien Sie an dieser Stelle gewarnt! Wenn Sie dabei unehrlich sind und Anerkennung als „Masche" produzieren, werden die meisten Sie schnell durchschauen. Sie werden das Gegenteil von dem erreichen, was Sie wollen. Ehrlich und aufmerksam müssen Sie schon sein. Sie hören dann mehr zu, verhalten sich kollegial, beziehen andere ein, unterstützen sie oder fragen sie um Rat. Es lohnt sich. Das Arbeitsklima verbessert sich von allein. Andere freuen sich, wenn sie Sie sehen und Ihnen begegnen. Sie sind selbst zum „pinken Flamingo" geworden, der anderen ein Lächeln ins Gesicht zaubert.

5 Positive Energie, oder: Pinke Flamingos im Büro

Take-aways aus diesem Kapitel für Ihren Alltag

Frank Behrendt

Wie es Ihnen gelingt, Blockaden zu lösen, Ressourcen zu nutzen und Freude zu verbreiten:

- **Highlight-Listen machen:** Als ich Bertold Ulsamer kennenlernte, war ich zum ersten Mal in meinem Leben Chef in einer Verkaufsförderungsagentur. Ich war gerade einmal 27 Jahre jung und wurde schon zum Geschäftsführer berufen. Warum? Ich war zur richtigen Zeit am richtigen Ort. Wir hatten einen inspirierenden Chef, der sich nicht um Konventionen scherte, sondern Leistung honorierte. Und er war klug genug, immer in seine Führungskräfte zu investieren. Deshalb kamen wir in den Genuss von NLP-Trainings – durchgeführt von Bertold Ulsamer. Er machte uns alle noch besser – vor allem als Gruppe – und wir feierten einen Erfolg nach dem anderen, weil wir immer positiv dachten und agierten. Ein Schlüssel lag im NLP. Als ich folgenden Satz im Kapitel las, musste ich sofort nicken: „Es widmet den negativen Gefühlen nur begrenzte Aufmerksamkeit." Genau das haben wir getan. Wenn wir zusammenkamen, redeten wir über unsere Erfolge, erzählten uns unsere besten Vorgehensweisen im Business, erinnerten uns an Momente, an denen wir schon früher Sieger waren. Machen Sie das doch auch (wieder) einmal. Listicals, kompakte Aufzählungen, sind nach wie vor schwer angesagt im Netz. Stellen Sie Ihr eigenes zusammen: Die 10 erfolgreichsten Dinge, die Sie rückblickend erreicht haben. Wenn Sie die Top 10 Ihrer eigenen Spitzenleistungen (erfolgreich umgesetzte Projekte, realisierte Ideen, gewonnene Preise, „entdeckte" Mitarbeiter, die zum Hit geworden sind, Vorträge oder Präsentationen, für die Sie mit viel Applaus bedacht wurden etc.) Ihrer bisherigen Laufbahn untereinander auf ein Blatt Papier geschrieben haben, dürfen Sie sich ruhig einmal selbst auf die Schulter klopfen. Halt: Werfen Sie den Zettel nicht weg, sondern legen Sie ihn unten in ihren Aktenkoffer oder in Ihren Rollcontainer. In Momenten des Zweifels holen Sie ihn hervor und er wird Ihnen etwas sehr Wertvolles vermitteln: die Erinnerung an die eigenen Stärken. Die sind nie weg, sondern schlummern als abrufbare Ressourcen in Ihnen – für immer.

- **Negative Faktoren umdrehen:** Nach der Erfolgsbilanz dürfen Sie jetzt den Spieß einmal umdrehen. Denken Sie mal an Ihr Arbeitsumfeld, das Arbeitsklima, Ihre persönliche Rolle auf diesem Spielfeld. Ist das Klima okay? Gut? Mittel? Schlecht? Egal wie – stellen Sie sich vor, Sie wollten den Ist-Zustand noch einmal deutlich verschlechtern. Und selbst wenn das Klima schlecht ist, Sie könnten an den Stellschrauben drehen, um es komplett zu ruinieren. Was müsste passieren, damit Motivation, Miteinander, Klima ins Bodenlose fallen? Was müssten Sie tun, damit die Filialleiter noch schlechter verkaufen, noch fauler werden, mit noch mehr Ausreden für ihre Misserfolge kommen, komplett demotiviert wären? Denken Sie mal an sich oder Kollegen/Vorgesetzte, die Einfluss haben: Was müssten die tun, damit es (noch) schlimmer wird? Möglichkeiten gibt es da viele: unhöflich sein, bissig kommentieren, nicht zuhören, alles kontrollieren, ungerecht sein, weniger Freiräume geben, drohen, maximalen Druck ausüben ... Die Liste des Schreckens ist unendlich erweiterbar. Natürlich sollen Sie das alles nicht tun, aber sich negative Einflussfaktoren vorzustellen, schärft die Sinne – und zwar dafür, wo Sie ansetzen können, damit Ihr ganz persönlicher Einfluss noch positiver wird. Nehmen Sie sich alle negativen Faktoren, die Sie sich eben vorgestellt haben, vor und drehen Sie diese um. Prüfen Sie, wo Sie ganz persönlich noch Luft nach oben haben, um vielleicht noch mehr zuzuhören, mehr zu loben, Mitarbeitern mehr Freiräume zu geben. Ich bin sicher, jeder von uns findet einen Faktor, den er optimieren kann, denn perfekt sind wir – zum Glück – alle nicht.
- **Perspektive wechseln:** Einer meiner früheren Chefs hat mir, als ich ihn für sein Vorgesetztenverhalten lobte, einmal gesagt: „Ich war auch mal in Ihrer Position, Frank, das habe ich nicht vergessen." Eine weise Erkenntnis. Mein vorbildlicher Chef konnte sich trotz seiner exponierten Position noch in die Lage des Berufsanfängers hineinversetzen – er wusste, was mich bewegte, interessierte, was ich benötigte. Und deshalb verhielt er sich so, dass ich es positiv erlebte, vorankam und ihn extrem schätzte. Versetzen Sie sich doch bitte einmal in die Lage von Mitarbeitern in Ihrem Bereich. Blicken Sie aus der Warte einer Assistentin, eines Junior-Beraters, eines Azubis auf sich selbst – in der Rolle des Chefs. Aber seien Sie ehrlich, erheben Sie sich nicht zum Traum-Chef, sondern gehen Sie re-

5 Positive Energie, oder: Pinke Flamingos im Büro

alistisch mit sich um. Wie sind Sie am Montagmorgen? Wie reagieren Sie unter Druck? Können Sie schlechte Laune komplett ausblenden und verbreiten trotzdem positiven Spirit? Loben Sie genug? Sehen Sie jeden Einzelnen? Hätte der eine oder die andere nicht mal für besondere Aktivitäten ein nettes Wort verdient? Stellen Sie sich ein Gespräch beim Italiener um die Ecke vor, bei der die Ihnen anvertrauten Menschen nur ein einziges Thema haben: Sie. Je kritischer Sie sich selbst sehen, umso mehr wird Ihnen diese Übung bringen. Denn am Ende wird jede noch so kleine Veränderung Ihres Verhaltens gegenüber den Mitarbeitern etwas Positives bei denen auslösen. Und eines ist sicher: Gelobt wird in Summe immer zu wenig. Jeder hat mehr verdient, jetzt müssen Sie nur noch überlegen, wofür und wann Sie es aussprechen.

- **Tatendrang wiederfinden:** Zur Abwechslung dürfen Sie jetzt einmal verreisen – und zwar zurück zu den Anfängen Ihres Berufslebens. Wer von uns war da nicht voller Tatendrang, wollte die Welt verändern, und wenn das für den Anfang eine Nummer zu groß war, dann zumindest die Firma, den Bereich, die eigene Abteilung? Irgendwann hat man sich dann „die Hörner abgestoßen", wie ein früherer Chef es gerne beschrieb, und wurde ruhiger. Negativ ausgedrückt machten sie „Dienst nach Vorschrift." Das muss per se nichts Schlechtes sein, wenn die Vorschriften Sinn machen. Oft ist damit aber ein stoisches Abarbeiten verbunden, bei dem nichts mehr hinterfragt wird, sodass Verbesserungen ausbleiben – auf lange Sicht der Killer für jedes Unternehmen, gerade in einer sich schnell drehenden, innovationsgetriebenen Welt, wie wir sie heute haben. Wenn der Tatendrang also im Laufe der Zeit verlorengegangen ist, können wir ihn wiederfinden – und im besten Falle reaktivieren. Dafür müssen wir diese Momente aus der Mottenkiste unserer Berufsjahre hervorkramen. Wann waren Sie voller Tatendrang? Hatten wilde Ideen? Wollten viel verändern? Im ersten Job? Im zweiten? Als Sie nach einem Auslandsaufenthalt zurückkehrten? Nach einem inspirierenden Seminar? Nach einem Buch, das Sie aufgewühlt hat? Überlegen Sie und versuchen Sie, sich an diese Momente zurückzuerinnern. Den stärksten nehmen Sie mit und bei der nächsten Gelegenheit, in der Sie eigentlich abwinken wollen, geben Sie mit der Power von damals noch mal Gas. Die

Chance ist 50:50, dass Sie damit einen Punkt machen. Und das ist wahrlich eine gute Quote.

- **Freuden bereiten:** Bertold Ulsamer hat in diesem Kapitel auch über Spitzensportler und ihre vollbrachten Höchstleistungen geschrieben. Es hat mich sehr beeindruckt, dass alle immer nur dann Spitzenleistungen vollbracht haben, als sie hohe positive Energie verspürten. Keiner hat seine Top-Performance abgerufen, als er schlecht gelaunt und genervt war, unter Druck stand. Das persönliche Wohlbefinden hat also etwas mit positiver Leistung zu tun. Und so, wie es Spitzensportlern ergeht, geht es auch jedem von uns und auch allen, die mit uns und für uns arbeiten. Am Ende des Kapitels greift Bertold Ulsamer das schöne Anker-Bild meiner kleinen Tochter auf – die pinken Flamingos. Es geht darum, Freude zu verbreiten, dazu sind die pinken Vögel nur ein Platzhalter. Die Möglichkeiten sind so vielfältig wie die Natur. Überlegen Sie einmal in der nächsten Mittagspause irgendwo an einem ruhigen Ort: Womit können Sie in Ihrem direkten beruflichen Umfeld Kollegen eine kleine Freude machen? Überraschen Sie sie mit einem Kuchen? An heißen Tagen mit Eis? Bringen Sie eine Palette Ihres Lieblingsgetränks von früher mit – bei mir ist es Capri-Sonne Orange – oder erfreuen Sie die ganze Truppe mit einer Runde Kinder Überraschungseiern? Schokolade macht happy und die kleinen, zusammenbaubaren Spielzeuge machen Spaß – schließlich waren wir alle mal Kinder und haben nicht vergessen, dass Spielen etwas Wunderbares ist.

Podcast
Bitte scannen Sie diese Zeichnung mit der SN More Media App, um den Podcast anzuhören.

Literatur

Birkenbihl VF, Blickhan C, Ulsamer B (1987) Einstieg in die Neuro-Linguistische Programmierung. Gabal, Speyer

Loehr JE (1988) Persönliche Bestform durch Mental-Training. BLV, München

Ulsamer B (2004) Hobeln ohne Späne. Führungskunst durch emotionale Intelligenz, bod, Reprint von Karriere mit Gefühl. Wie Sie Ihre emotionale Intelligenz nutzen. Campus, Heyne

Ulsamer B (2018) Mit NLP all deine Kraftquellen ausschöpfen und nutzen, veröffentlicht als Internetkurs bei udemy.com. Zugegriffen am 10.08.2019

6

Neue Rollen, oder: Eis in Nora Tschirners Schatten

Die richtige Rolle im Film des Berufslebens zu finden ist nicht einfach. Warum sollte man nicht einmal in einem mitspielen? Ausprobieren sorgt immer für Klarheit.

Frank Behrendt
November 2015: Der Wilde Westen war in Köln-Ossendorf aufgebaut worden, die RatPack-Filmproduktion verfilmte im Auftrag von RTL „Winnetou" fürs Fernsehen neu. Regisseur Philipp Stölzl erklärte den über 100 Laiendarstellern, die zuvor bei einem öffentlichen Casting ausgewählt worden waren, ganz genau, was sie zu tun hatten.

Mit einer weißen Haube und einem abgetragenen blauen Kleid mit schmuddeliger Schürze war Holly als jüngste Komparsin Teil eines Siedler-Trupps, der im Saloon von den Apachen überfallen werden sollte. Als Regisseur Stölzl und Chefkameramann Sten Mende das gewünschte Bild fertig beschrieben hatten und noch einmal betonten, dass sich die Angst der Weißen vor den roten Kriegern in allen Gesichtern widerspiegeln sollte, fragte Holly sicherheitshalber noch mal nach: „Soll ich richtig weinen mit Tränen?" Regisseur und Kameramann lächelten im Duett über das jüngste Filmkind und nickten: „Wenn du das hinkriegst, wäre das natürlich super." Holly bekam es hin. Und sie fand den Dreh großartig. Das Einzige, was sie bedauerte, war die Tatsache, dass sie im Gegensatz zu ihrem Vater, der als ebenfalls mitspielender Kleindarsteller in der Rolle als Geschworener eine Stunde lang in der Maske bearbeitet wurde, nicht geschminkt wurde. Da meine Frau als Siedlerin ebenfalls in der Neuverfilmung des Karl-May-Stoffes mitspielte, war unser Einsatz ein richtiges Familien-Happening.

Und als wir Weihnachten vor dem Fernseher saßen und Holly sich selbst auf der Mattscheibe entdeckte, war sie begeistert. „Ich werde Schauspielerin", stellte sie anschließend klar und quengelte fortan immer, dass sie bald wieder in einem Film mitspielen wolle. Die nächsten Auftritte fanden zunächst im Kindergarten, der Schule und im Captain-Sharky-Club an Bord eines Kreuzfahrtschiffes statt. Aber die Agentur Eick, die auch die Komparsen- und Kleindarsteller für die Winnetou-Verfilmung zusammengestellt hatte, erinnerte sich zwei Jahre später an die kleine Wild-West-Darstellerin.

Für die Kino-Verfilmung des Bestsellers „Gut gegen Nordwind" von Daniel Glattauer wurde ein kleines Mädchen gesucht, das in einer Flashback-Szene in einer Straßenbahn ein Eis essen sollte. Wir drehten auf dem Smartphone einen kleinen Clip, in dem sich Holly kurz vorstellte. Das machte sie gerne und schloss ihre Bewerbung mit den Worten: „Ich freue mich auf euch." Dazu ein frecher Blick aus himmelblauen Augen, fertig. Zwei Tage später kam die Zusage. Da meine Frau und ich das Buch verschlungen hatten, haben wir eine besondere Affinität zu dem Stoff und begleiteten Holly gerne zum Set, an dem an einem heißen Sommertag der Dreh gemeinsam mit den Hauptdarstellern Nora Tschirner und Alexander Fehling stattfinden sollte.

Wir gehören wirklich nicht zu den Eltern, die ihre Kinder zu Stars machen wollen, im Gegenteil. Gerade meine Frau legt größten Wert darauf, dass die Schule an erster Stelle steht, und stimmte der Befreiung vom Unterricht für den Nordwind-Dreh nur zu, weil Holly unbedingt mitspielen wollte und es offensichtlich ist, dass sie als kleine Rampensau sichtlich Freude an jeder Form von Film- und Theaterdarbietung hat.

Ich finde nichts schlimmer, als wenn Eltern für ihre Kinder einen bestimmten Weg vorsehen. Die Beispiele von gescheiterten Nachfolgeregelungen, bei denen Unternehmerkinder todunglücklich eine Rolle im echten Leben spielen müssen, die ihnen nicht liegt, füllen extrem dicke Bücher. Warum wir nicht nur als Kinder immer wieder Neues ausprobieren sollten, um gemäß unseren Neigungen und Talenten einen glücklichen Weg zu gehen, davon handelt dieses Kapitel. Ich habe keine Ahnung, ob Holly später einmal Schauspielerin wird. An manchen Tagen antwortet sie auf die Frage ihrer Oma, was sie später einmal werden möchte, auch einfach nur mit: „Ich möchte die Leute zum Lachen bringen."

Bertold Ulsamer
Glücklich die Kinder, die heute von den modernen Eltern ermuntert und gefördert werden, damit sie ihren eigenen Weg finden und gehen. So will auch der Papa Holly nicht ihre erträumte, mögliche Filmkarriere ausreden oder – in einer anderen Variante – sie unbedingt zum Star machen. Deshalb, wer weiß! Vielleicht erleben wir Holly in zehn Jahren in ihrer ersten Hauptrolle im Fernsehen. Denn mit diesen Eltern als Hintergrund, der Vater, der bereits als Geschworener, und die Mutter, die als Siedlerin bei Karl-May-Filmen mitspielten – da kann eigentlich nichts schiefgehen. Da fällt mir ein, dass ich selbst vor vielen Jahren einen kurzen Auftritt als englischer Bibliothekar in einem indischen Spielfilm hatte. Leider wurde aber aus mir doch kein Filmstar...

Rolle im Beruf

Sie müssen gar nicht als Laiendarsteller für eine Fernsehproduktion ausgewählt werden. Auch das Berufsleben hält eine Fülle unterschiedlicher Rollen für Sie bereit. Viele haben ein festes Drehbuch. Es gibt andere Mitspieler, sodass die Rollen uns vorgelebt werden und wir ganz selbstverständlich hineinschlüpfen. Was ist Ihre Rolle im Beruf? Die Berufsbezeichnung zeichnet sie als Erstes vor. Manche spielen Polizist, es gibt die Soldatin, den Bäcker und die Buchhalterin. Beliebt sind die Managerrollen, nicht so nachgefragt sind Rollen wie Putzhilfe oder Müllmann. Die jeweiligen Kostüme reichen vom Blaumann oder dem weißen Kittel des Arztes über die Soldatenuniform oder den Boss-Anzug für die Führungskraft bis hin zum Hosenanzug der Bundeskanzlerin.

Alle Rollen haben eine bestimmte Bandbreite, in der sich die Einzelnen spielerisch entfalten können. So spielt jeder seine Rolle auch individuell und bringt seine Persönlichkeit mit ein. Die Schwerpunktrolle fächert sich noch in Nebenrollen auf. Je nach Situation, ist man dann Führungskraft, Kollege oder Mitarbeiter. Wie groß ist dabei Ihr Spielraum wirklich? Wie weit können Sie ihn über das übliche Repertoire hinaus erweitern? Das wissen Sie nur wirklich, wenn Sie es austesten. Natürlich gibt es immer auch Grenzen. Stellen Sie einfach einmal ein paar pinke Flamingos in Ihr Büro und schauen Sie dann weiter. Wenn Sie Ihre Grenzen überschreiten, dann füllen Sie die Rolle nicht mehr gut aus. Und das führt dann manchmal dazu, dass die Rolle eine andere Besetzung bekommt.

Je unerfahrener oder ängstlicher jemand ist, desto weniger sieht er den Spielraum und engt sich damit selber ein. Vor vielen Jahren bekam ich einmal an einer Fachhochschule einen Lehrauftrag für Sozialpsychologie. Das war kein Spezialgebiet von mir und deswegen arbeitete ich mich

6 Neue Rollen, oder: Eis in Nora Tschirners ...

ein. Wie konnte ich diese Rolle gut ausfüllen? Ich besorgte mir die vier wichtigsten Lehrbücher und schaute im Inhaltsverzeichnis nach, welche Themen in jedem dieser Bücher auftauchten. Damit hatte ich alle wesentlichen Themen für mein erstes Semester. Dann entdeckte ich mehr von dem Freiraum, den ich hatte, weil ich selbst die Klausurthemen stellen konnte. Was hielt ich selbst für die wichtigsten und interessantesten Themen? Die wurden dann mein Schwerpunkt im nächsten Semester.

Je stärker ich meinen Spielraum erkundete, desto spannender wurde es. Schließlich wurde ich so mutig, dass ich den Studenten vorschlug, selbst kleine sozialpsychologische Experimente zu erfinden und dann durchzuführen. Das sah dann so aus, dass in einer Vierergruppe zwei Studentinnen händchenhaltend durch die Fußgängerzone gingen und die Männer hinterherliefen und versteckt protokollierten, wie Passanten reagierten. Und dann umgekehrt: die Studenten händchenhaltend und die Frauen als versteckte Protokollanten. Eine Studentin hatte als Projekt, sich als schwanger zu bezeichnen und die Reaktionen der Umwelt zu protokollieren (sie führte das Experiment dann aber doch nicht durch.) So erweiterte sich auch die Rolle der Studierenden vom bloßen Mitschreiben in der Vorlesung zum selbstständigen Organisieren eines Experimentes. Ich bekam viel Hochachtung vor der Kreativität und der Forschungsfreude meiner Studenten. Ihre und meine Spielfreude erhöhten sich dadurch. Unsere Rollen machten uns mehr Spaß.

Wenn Sie über den beruflichen Horizont hinausschauen, entdecken Sie Hunderte von anderen kleineren und größeren Rollen, die Sie spielen. Das reicht vom Fußballclub über den Freundeskreis, die Nachbarn, den Part in der eigenen Beziehung bis hin zu der Rolle als Vater oder Mutter und Sohn oder Tochter. Da Sie verschiedene Rollen spielen, manchmal sogar gleichzeitig, lassen sich Konflikte zwischen den Rollen nicht vermeiden. Berufstätig sein als Paar und gleichzeitig Eltern – da gibt es Konfliktstoff mit Potenzial. Der Vater will das Kind pünktlich im Kindergarten abholen – der Manager möchte seine dringende Arbeit noch fertigstellen. Früher waren die Rollen enger, schränkten daher die Freiheit ein. Gleichzeitig gaben sie aber auch Halt und die Sicherheit, es „richtig" zu machen. Heute ist es komplizierter und komplexer geworden.

In einer Seminarreihe vor etlichen Jahren zum Thema Coaching für Nachwuchsführungskräfte sammelte ich zunächst die Themen, die den Teilnehmern besonders wichtig waren. Für die jungen Führungskräfte stellten Zuhören und Unterstützen der Mitarbeiter kaum ein Problem dar. Hier fühlten sie sich relativ sicher. Ihre Schwierigkeiten waren stattdessen: Wie kann ich klar führen? Wie ziehe ich Grenzen? Wann muss ich Grenzen ziehen? Darf ich überhaupt „autoritär" sein?

Ihre Schwierigkeiten spiegeln ein Dilemma von heute wider. Die Rolle „Führen" ist zum wackeligen Balanceakt zwischen Widersprüchen geworden. Das Gleiche gilt zum Beispiel auch für die Elternrolle. Wer sich bemüht, „richtig" zu handeln, für den wird der innere Zweifel zum ständigen Begleiter. Wann eher durchgreifend reagieren und wann eher verständnisvoll? Wann spontan aus dem Bauch heraus handeln und wann nach dem Lehrbuch? Wann kooperativ den gemeinsamen Konsens suchen und wann als Leader „Folgt mir alle!" rufen? Wann die aktive „männliche" Seite aktivieren und wann die emotionale „weibliche"? Diesen Zwiespalt kennen nicht nur Führungskräfte. Die alte Sicherheit ist vorbei und sie wird nicht wiederkommen. Heute ist die Rollenflexibilität weit größer geworden. Gleichzeitig ist der Druck da, alle Rollen und ihre unterschiedlichen Nuancen perfekt ausfüllen zu wollen. Jeder sollte auf allen Hochzeiten tanzen: erfolgreich im Beruf sein, als Führungskraft entscheidungsfreudig und teamfähig sein, ein vorbildliches, glückliches Familienleben führen, attraktiv in der Beziehung bleiben und außerdem noch fit für einen Marathon sein. Beim Klingeln des Weckers jeden Morgen stehen so die Rollenkonflikte schon in den Startlöchern. Wenn jemand erkennt, dass er alle die Ansprüche unmöglich gleichzeitig erfüllen kann, macht er schon einen großen Schritt hin zu mehr Gelassenheit.

Die berufliche Rolle gern spielen

Sie müssen nicht alle Ihre Rollen mögen. Wer ist schon gern Steuerzahler und füllt begeistert seine Steuererklärung aus? Aber bei all Ihrer Schauspielkunst – Ihre wichtigsten Rollen sollten Sie schon ein Stück weit schätzen. Denn, wie schon oben gesagt, die Beispiele von gescheiterten Nachfolgeregelungen, bei denen Unternehmerkinder todunglücklich eine Rolle im echten Leben spielen müssen, füllen Bücher.

Je mehr eine Rolle Ihren Fähigkeiten und Talenten entspricht, desto wohler werden Sie sich darin fühlen. Finden Sie eine Rolle, die zu Ihren Qualitäten passt. Und nutzen Sie den Spielraum Ihrer Rolle, um darin Ihre besonderen Fähigkeiten zum Ausdruck zu bringen. Wenn Sie Ihre Rolle lieben, strahlen Sie! Wer gern Fernseher repariert, ist stolz auf sein Ergebnis und erfreut sich an der Dankbarkeit seiner Kunden. Wer es mag, im Büro als Steuerberater am Computer zu sitzen, weiß, dass er eine wichtige Aufgabe für seinen Mandanten und die Allgemeinheit erfüllt. Wer als Unternehmer mit Freude ein sinnvolles Produkt produziert, hat die Genugtuung, dass er seine Kunden zufriedenstellt und gleichzeitig seinen Mitarbeitern den Lebensunterhalt sichert. Jeder von ihnen gibt seiner Arbeit damit Wert und sich selbst gleichzeitig auch – eines der besten Vorbeugungsmittel gegen Stress.

Geschockt hat mich als Student das „Trichtermodell" aus einem Lehrbuch der Persönlichkeitspsychologie (Fisseni 1984). Es fiel mir in die Hände, als ich fünfundzwanzig Jahre alt war, und es schien mir wie eine Beschreibung meines kommenden Lebens. Das Modell sieht so aus: Wenn jemand geboren wird, hat er unzählige Möglichkeiten vor sich. Der Trichter ist ganz und gar offen. Er könnte sich in jede Richtung weiterentwickeln. Mit jedem Lebensjahr fallen Entscheidungen und der Trichter wird ein Stückchen enger. Und so geht es von Jahr zu Jahr, die Fülle der Möglichkeiten wird immer geringer, das Leben immer enger, die Freiheit der Wahl immer kleiner.

Das Modell erschreckte mich, weil ich darin eine nüchterne Beschreibung dessen vorfand, was ich eigentlich überall um mich herum sah. Mein Eindruck war, dass mit ein paar Entscheidungen zwischen zwanzig und dreißig das ganze Leben entschieden und festgelegt ist. Wenn jemand zum einen die Wahl des Studiums und des Berufs und zum anderen die private Entscheidung für die Partnerschaft und Familiengründung getroffen hat, dann ist das Leben damit mehr oder weniger gelaufen. So kam es mir wenigstens damals vor.

Gut, diese Enge hat sich heute für viele aufgelöst. Eher ist ständige Flexibilität gefragt. Aber erleben Sie trotzdem auch dieses Modell des Trichters in Ihrem Leben? Ziehen Sie einmal ehrlich Bilanz. Ich schlage Ihnen eine Übung vor, die mein Leben einmal in eine neue Richtung gelenkt hat. Damals, Ende zwanzig, war ich im Referendardienst als Jurist, während ich gleichzeitig Psychologie studierte. Es war der Anfang der Selbsterfahrungsgruppen und mit ein paar Freunden trafen wir uns einen Abend pro Woche, um Übungen dazu zu machen.

Die Aufgabe für Sie lautet: Zeichnen Sie einen Kreis. Das ist Ihr „Energieverteilungskuchen". Jetzt teilen Sie ihn in Segmente auf, so wie Sie Ihre Energie in Ihrem Leben aufteilen. Zu jedem Segment schreiben Sie konkret hin, für was genau Sie die Energie brauchen, zum Beispiel Arbeit, Hobbys, Beziehungen usw. Ich stellte damals fest, dass ich eine Menge Energie für Jura aufwandte und ein wenig für Psychologie.

Als Nächstes zeichnen Sie den „Liebesverteilungskuchen", wieder einen Kreis. Teilen Sie ihn auch in Segmente wie den ersten Kreis auf und notieren Sie, wohin Ihre Zuneigung geht. Dann schauen Sie sich die beiden Kreise an und vergleichen. Decken sich die Inhalte oder gibt es große Unterschiede? Zu meiner Überraschung empfand ich damals nicht mehr die geringste Liebe für Jura, aber viel für Psychologie. Ich brachte also Energie für den Bereich auf, in dem ich ehrgeizig war, eine Menge leistete und Zukunftspläne hatte, den ich aber im Grunde nicht mehr besonders mochte. Daneben gab es einen anderen Bereich, den ich sehr mochte, für den ich aber wenig Energie übrig hatte. Wollte ich so weitermachen? An diesem Abend fiel bei mir die Entscheidung, in Zukunft meine Energie in die Psychologie zu stecken.

Die Last aus der Rolle

Eine ungeliebte Rolle macht auf Dauer krank oder führt zum Burnout. Wenn Sie sich mit Ihrer Arbeit nicht wohlfühlen, schneiden Sie sich von Ihrer Lebenskraft und Freude ab. Sie arbeiten dann, weil Sie Geld verdienen müssen oder weil Ihnen die Arbeit so viel Einfluss bringt. Das Geld und die Bestätigung von außen sind dann die Entschädigung für eine sinnlose Lebensplackerei. Damit beginnt ein Teufelskreis. Je mehr Sie nur durch äußere Belohnungen motiviert werden, desto weniger werden Sie mit sich selbst zufrieden und desto mehr äußere Belohnung suchen Sie. Sie vergeuden Ihr Leben, da Ihre Tätigkeit keine Bedeutung für

Sie persönlich gewinnt. Das schwächt und frustriert. Langsam schnürt Ihnen so Ihre Rolle die Luft ab. Sie verlieren die Begeisterung, den Elan und die Lebendigkeit. Lassen Sie das nicht zu! Handeln Sie dagegen! Sonst werden Sie auf Dauer unglücklich.

Aber auch eine Rolle, die Sie mögen, kann ohne privates Gegengewicht gefährlich werden. Denn auch, wenn Sie Ihre berufliche Rolle den ganzen Tag enthusiastisch verkörpern, gibt es noch ein anderes Ich, das im Hintergrund fühlt. Auch diese andere Seite braucht Raum, Nahrung und Aufmerksamkeit. Private Bedürfnisse, die auf Dauer zu kurz kommen, blockieren die Leistung. So spricht James Loehr, der Coach von Spitzensportlern, davon, dass emotionale Bedürfnisse, besonders solche, die mit Selbstachtung zu tun haben, vor Beginn des Wettkampfs in angemessener Weise befriedigt worden sein müssen. Sonst sind Probleme mit den Nerven, Selbstzweifel, Frustration und Abwertung der eigenen Leistung unvermeidlich (Loehr 1996, S. 59).

Manchmal ist es ein großer Unterschied, wie sich jemand in seiner Rolle fühlen muss, um sein Bestes zu geben, und wie er sich darin tatsächlich fühlt. Klafft das auf Dauer zu weit auseinander, wird man immer mehr zur bloßen Hülle und das reale Ich zieht sich zurück. Die Fassade steht immer mehr im Vordergrund und der reale Kern versteckt sich. Jemand wird künstlich. Ein Teufelskreislauf setzt ein. Die daraus resultierenden inneren Spannungen werden nur über noch mehr Einsatz in der Arbeit bewältigt.

Eine Rolle, die jemand gern ausfüllt, wird auch dann gefährlich, wenn man vergisst, dass es nur eine (von vielen möglichen) Rollen ist, die man SPIELT. Der Schauspieler weiß, dass er eine Rolle spielt und nach seinem Auftritt wieder zum Normalbürger wird (und seine anderen Rollen dort ausfüllt …). Der Manager kann vergessen, dass er nur eine Rolle ausfüllt. Die Rolle kann so mit der eigenen

Haut verwachsen, dass er sich ganz und gar mit ihr identifiziert. Im Kleinen gibt es die „deformation professionelle", die Deformierung durch den Beruf. Unter meinen Bekannten gibt es frühere Lehrerinnen und Lehrer. Sie sind leicht zu erkennen. Da ist ein bestimmender Tonfall, gern werden Anweisungen gegeben und auf alles weiß der Betreffende eine Antwort. Irgendetwas von der Berufsrolle hat sich verselbstständigt und ist dauerhaft in den Alltag geschlüpft.

Es kann noch stärker werden! Jemand hat dann das Gefühl: „Die Rolle bin ich". Da spielt ein Schauspieler in einem Theaterstück von Shakespeare einen König mit solcher Inbrunst, dass das Publikum vor Begeisterung rast. Die Vorführung ist vorbei, der Theatervorhang schließt sich. Aber unser Schauspieler ist so in seiner Rolle aufgegangen, dass er sich weigert, seine königliche Robe abzulegen. Stattdessen gibt er dem Theaterpersonal Befehle und erwartet, dass sie sofort ausgeführt werden. Das kommt uns verrückt vor, aber Ähnliches können wir um uns herum ständig beobachten.

Je mehr Macht und Einfluss jemand hat (Politiker, Firmenchefs), desto stärker wird die Versuchung zu vergessen, dass die ganze Aufmerksamkeit und Bedeutung der Rolle zu verdanken sind. Dann klammert sich jemand an die Rolle und will nicht mehr von ihr lassen. Der ehemalige CSU-Vorsitzende Erwin Huber, in einem Portrait als bekennender Politjunkie bezeichnet, sagt 2015 dazu: „Werde ich von dieser Sucht einmal erlöst? Oder muss ich frustriert sterben?" (Pausch und Stuff 2019, S. 15 f.) Er plante einen langsamen, auf zehn Jahre angelegten Entzug, um in dieser Zeit loszulassen. Erste Schritte: 60 Stunden in der Woche statt 80 zu arbeiten, manchmal zum Beispiel beim Radfahren das Handy ausschalten, Romane lesen usw. Andere sind nicht so klug, den Entzug zu planen, sondern erleben den Rollenverlust als Riesenschock und Niederlage.

Mensch sein jenseits der Rolle

Der Schauspieler im Kostüm von Winnetou vergisst nicht, dass er – nur! – eine Rolle spielt. Auch der Vorgesetzte, der einen Mitarbeiter auf einen Fehler hinweist, weiß, dass dieser Hinweis Teil der Aufgabe seiner Rolle ist. Aber bei all den vielen Rollen, die wir heute täglich „performen", taucht irgendwann die Frage auf: Gibt es mich noch jenseits der Rolle?

Holly verkörpert die Siedlertochter so vollkommen, dass ihr sogar die zur Szene passenden Tränen kommen. Ja, spielen wir denn die ganze Zeit den anderen etwas vor? Wo bleibt das Authentische, das Ursprüngliche einer Person? Oder sagen wir auch wie Ödön von Horvath (2019): „Eigentlich bin ich ganz anders, nur komme ich so selten dazu"?

In meinen Führungsseminaren habe ich zur Antwort ein einfaches Modell entwickelt. Wir kennen als Spannungsfeld diese zwei Pole: zum einen die Funktion und die Rolle ausfüllen und zum anderen spontan mitmenschlich reagieren. Beides ist wichtig und erforderlich. Im Beruf wird jemand die meiste Zeit in seiner Rolle sein und sie ausfüllen. Wer aber immer nur aus der Rolle heraus handelt, bleibt als Gegenüber blutleer. Er wird zum Menschen nach dem beruflichen Handbuch, stereotyp und vorhersehbar. Es gibt aber Situationen, wo es hilfreich ist, nur als Mensch auf der gleichen Ebene zu reagieren. Da kommt der Mitarbeiter erschöpft und übermüdet an seinen Arbeitsplatz und auf Nachfragen murmelt er etwas von einer drohenden Scheidung. Kann jemand, sei es als Chef oder Kollege, einfach nur spontan mitfühlend ehrlich äußern „Oh, das ist eine schlimme Zeit, die Sie durchmachen. Das kenne ich selber!"? Wer das tut, schlüpft einen kurzen Moment lang aus der üblichen Berufstracht und zeigt sich jenseits davon. Das verbindet und tut gut.

6 Neue Rollen, oder: Eis in Nora Tschirners ...

Manche Führungskräfte haben Angst, wenn sie einmal ihre Rolle verlassen haben, nicht mehr dahin zurückzukommen, sondern zum „Kumpel" zu werden, von dem andere sich nichts mehr sagen lassen. Die Kunst besteht darin, die Rolle ausfüllen, sie aber auch verlassen und wieder zurückkehren zu können.

Diese drei Qualitäten gehören zusammen:

- Jemand beherrscht seine berufliche Rolle.
- Er kann die Rolle verlassen und sich einfach nur als Mitmensch zeigen.
- Er kann jederzeit, wenn erforderlich, wieder in die berufliche Rolle zurückkehren.

Wer immer in der Rolle steckt, verkümmert und erstarrt ein Stück weit. Wenn ich mir bekannte Unternehmer mit Charisma und beruflichem Erfolg aus der Nähe ansehe, stelle ich fest: Sie haben diese Qualitäten (und daneben noch eine Menge andere Fähigkeiten). Aber die Menschlichkeit ist es, mit der sie ihre Mitarbeiterinnen und Mitarbeiter berühren und begeistern. Humor ist dabei eine der entscheidenden Qualitäten. Nehmen Sie sich selbst nicht zu wichtig! Dann besteht die Möglichkeit zu entdecken, wie viel mehr es im Leben jenseits der Rollen gibt.

Spielerisch sein im Leben

Holly hat Spaß am Spielen, genauso wie ihre Eltern. Spielen bringt Menschen mit der eigenen Lebendigkeit und Kreativität in Kontakt. Was ist das Eigentliche des Spielens? Das Spiel als solches steht im Vordergrund und nicht ein Zweck. Wer mit anderen Mensch ärgere Dich nicht oder Karten spielt, dem geht es nicht um den Profit. Er will zwar gewinnen und dabei möglichst viele Figuren seiner Mitspieler vom Feld räumen, aber deswegen spielt er nicht, sondern es geht ihm um die Freude, die er daran hat und um die Gemeinschaft, die er dabei mit seinen Mitspielern erlebt. Er fühlt sich wohl mit den anderen – auch wenn er sich einmal ärgert und schimpft, weil der andere viele Sechsen würfelt. Spielen ist so erst einmal ohne praktischen äußeren Nutzen – anders die Arbeit, die immer an einem Ergebnis orientiert ist. Man freut sich zwar auch, wenn man in einem guten Team zusammenarbeitet, aber die Beziehungen stehen ganz im Dienst der Sache und Aufgabe.

Das zwecklose, freie Spielen ist enorm wichtig und nützlich. „Rettet das Spiel! Weil Leben mehr als Funktionieren ist" – das ist der Titel des neuen Buchs des Neurobiologen Gerald Hüther und seines Co-Autors Christoph Quarch. Die Menschen haben sich nur über das spielerische Erkunden des eigenen Potenzials seit Beginn der Menschheit weiterentwickelt. Es spielen alle Lebewesen (Hunde, Katzen, Krähen usw.), die mit einem lernfähigen, nicht durch ein genetisches Programm fest verkabelten Gehirn zur Welt kommen. Kreativität entsteht nur durch spielerisches Ausprobieren (Hüther und Quarch 2018, S. 9–14).

„Spielen ist die intensivste Form des Lernens – sie erfolgt immer intrinsisch. Das heißt, aus eigenem Antrieb und aus Begeisterung für die Sache. Die Person, die spielt, erlebt sich als Gestalter und Entdecker der Möglichkeiten, die sich bieten. Das führt dazu, dass im Gehirn unglaublich viele Netzwerke aktiviert werden können. Wenn man dagegen auf ein bestimmtes Ziel fokussiert, werden nur wenige Netzwerke im Gehirn aktiv. Man bleibt sozusagen in einer Schublade." (Hüther 2019, S. 10)

Spielen verliert seinen Charakter, wenn es nur noch äußeren Zwecken dienen soll. Damit verliert es seine Freiheit innerhalb seiner Regeln. Die drei zentralen Elemente des Spielens sind Verbundenheit, Freiheit und Darstellung.

Wenn eines davon zu kurz kommt, verliert das Spiel seinen Zauber (Hüther und Quarch 2018, S. 125).

Hüther und Quarch nennen das Fußballspiel als Beispiel für ein Spiel, bei dem alle wichtigen Elemente des Spielens zusammenkommen. Deswegen ist es so faszinierend und über den ganzen Erdball verbreitet. Das Spiel hat klare Regeln, die einfach zu verstehen sind. Gleichzeitig sind der Spielraum und damit die Freiheit unendlich groß. Niemals wird sich ein Fußballspiel mit den gleichen Spielzügen wiederholen. Begegnung und Wettkampf sind zentral, denn zwei Mannschaften spielen gegeneinander. Die Spieler aus verschiedenen Mannschaften können privat Freunde sein, aber im Spiel kämpfen sie erbittert und geben alles, um den anderen zu besiegen. Sie nehmen den Wettkampf nicht persönlich und sind hinterher wieder Freunde. Fußball ist außerdem Geschicklichkeitsspiel, Schauspiel – da gibt es Komödien und Tragödien – und Glücksspiel. All diese Elemente mischen sich.

Die Spieler spielen um des Spielens willen. Das kann im Profifußball schwierig werden. Aber denkt der Spieler, der den entscheidenden Elfmeter schießt, in diesem Moment an die Siegesprämie, wird er wahrscheinlich versagen. Das wissen auch die guten Profis, die hungrig darauf sind zu spielen, weil sie spielen wollen – nicht, weil irgendwo das große Geld wartet (Hüther und Quarch 2018, S. 150 f.). Die spielerische Einstellung ist also auch im Beruf möglich, denn Profifußballer verdienen eine Menge Geld mit ihrem Spiel.

Heute gibt es immer mehr Spiele, die zwar noch diesen Namen tragen, aber ihre Unschuld verloren haben. Aus dem „Spiel" wird ein Geschäft, wenn es nur mehr um den Gewinn geht. Die Befriedigung kommt dann, wenn der Gewinn hoch ist – alles andere ist egal. Das sogenannte Spiel war dann nur das Mittel zum Zweck.

Das Gewinnen als solches kann auch mit dem eigenen Selbstwert verbunden werden – „wenn ich gewinne, bin ich etwas wert" – und dann wird aus dem Spiel schnell Ernst. Das lässt sich schon bei kleinen (und großen) Kindern beobachten. Dreimal hintereinander verlieren sie. Die Miene verdüstert sich, der Spaß verschwindet. Plötzlich geht es nicht mehr um das Spiel, sondern um etwas dahinter. Und dadurch verlieren auch die Mitspieler ihre Freude.

Beim Computerspiel Minecraft, das von 150 Millionen Nutzern gekauft wurde, geben sich die Spieler Fantasienamen und lassen sich von einem Avatar repräsentieren. Im Spiel existieren die unterschiedlichsten virtuellen Welten. Man kann kämpfen, bauen, Handel treiben. Der Avatar gibt den Spielern mehr Freiheit und Mut. Denn nicht sie selbst scheitern, sondern ihr Avatar. „Sie füllen die Rolle aus, die sie gerade spielen, nicht mehr und nicht weniger. So können sie experimentieren und ins Risiko gehen, ohne unmittelbare Konsequenzen befürchten zu müssen. Ein solches Selbstverständnis fördert Kreativität." (Wiens 2019, S. 94)

Nach den langen Ausführungen über das Spielen: Wie sieht denn Ihre Spielfreude im Beruf aus? Kennen Sie so etwas dort überhaupt? Oder geht es Ihnen nur um den Gewinn bzw. das Gehalt und den eventuellen Bonus? Wie sehr verknüpfen Sie Ihren persönlichen Wert mit dem beruflichen Erfolg? Erinnern Sie sich daran: Wer mit anderen Mensch ärgere Dich nicht spielt, der will zwar gewinnen und dabei möglichst viele Figuren seiner Mitspieler vom Feld räumen, aber nicht deshalb spielt er, sondern es geht ihm um die Freude, die er in der Gemeinschaft am Spielen hat. Er schätzt die anderen Mitspieler – auch wenn er sich einmal ärgert, weil der andere den Punkt gemacht hat. Auch im Geschäftsleben geht es oft um Gewinnen und Verlieren, um Erfolge und um Niederlagen. Können Sie das auch als Spiel genießen? Und die Freude spüren, dabei mitzuspielen? Spiel sozusagen als Lebensprinzip?

6 Neue Rollen, oder: Eis in Nora Tschirners ...

Gut, und wie werden Sie wieder spielerischer? Hm, da wird die Antwort schwierig. Denn Tricks funktionieren dabei kaum. Wer sich sagt „Unglaublich viele Netzwerke werden im Gehirn aktiviert? Das will ich auch! Gleich nachher fange ich an zu spielen!", hat damit schon wieder eine Absicht und die Orientierung auf das Ergebnis.

Holly inspiriert. Da fährt der Indianer Herr Langlöffel mit der Bahn von Mississippi nach Santa Fé. Er will seine Mutter besuchen, die in einem Zelt wohnt, und bringt als Geschenk einen Kaktus mit. So etwas werden Sie als Erwachsener nicht spielen, sondern die Spiele der Erwachsenen. Aber Sie können von Kindern lernen – oder auch von Tieren. Spielen Sie doch einfach öfters einmal mit und genießen Sie die Auszeit von Ihrer sonstigen Logik und Vernunft. Und entdecken Sie mehr den Druck, den Sie sich selbst machen, erfolgreich zu sein. Üben Sie sich in der mentalen Kunst, den Druck immer wieder beiseite zu schieben, und finden Sie so Ihre Spielfreude wieder.

Holen wir zum Schluss noch weiter aus. Nach Shakespeare ist die ganze Welt eine Bühne. Wie ernst nehmen Sie das Leben? Wie spielerisch sind Sie dabei? Nehmen wir an, Sie dürften in einem Wild-West-Film mitspielen? Was ist Ihre Lieblingsrolle in diesem Film? Wie genau gestalten Sie die?

Es gibt unzählige Möglichkeiten, das Leben zu betrachten und dementsprechend darin zu agieren. Das Leben ist eine Prüfung? Dann bereiten Sie sich wahrscheinlich pingelig auf alle Eventualitäten vor und sind immer etwas nervös. Das Leben ist ein Wettbewerb? Dann müssen Sie sich immer vergleichen und einordnen, welchen Rang Sie und Ihr Business gerade haben. Jubeln beim Rangaufstieg und Frust beim Abstieg. Das Leben ist ein Jammertal? Eher für die beruflich Abgehängten, die feststellen mussten, dass die Ausgangschancen wirklich nicht für alle gleich sind. Ein Marathon? Spartanisch leben, Kräfte einteilen, nie aufgeben, den letzten Einsatz bringen!

Sie sehen, wie die jeweilige Betrachtung die vielen kleinen und großen Reaktionen auf Ereignisse in Ihrem Leben bestimmt. Auch Ihre Erwartungen und Befürchtungen richten sich danach. Ihre Haltung wirkt wie eine Brille, durch die Sie das Leben sehen. Manches wird betont, anderes dafür ausgeblendet. Dabei geht es bei dieser Beschreibung nicht um „richtig" oder „falsch", sondern die entscheidende Frage ist: Was ist eine vorteilhafte Einstellung zum (Geschäfts-)Leben? Sodass Sie Freude haben können, das Leben genießen können, aber auch mit Tiefschlägen und Niederlagen umgehen können.

„Die eigenen Fähigkeiten voll auszuschöpfen bedeutet, sich an der eigenen Existenz zu erfreuen, und bei geselligen Kreaturen werden diese Freuden in Gesellschaft proportional vergrößert. (…) Es ist einfach das, was das Leben ist. Wir müssen nicht erklären, warum Kreaturen sich wünschen, lebendig zu sein. Das Leben ist ein Selbstzweck. Und wenn das, woraus das Leben eigentlich besteht, darin besteht, Kräfte zu haben – zu laufen, zu springen, zu kämpfen, zu fliegen, durch die Luft zu fliegen – dann muss sicherlich auch die Ausübung solcher Kräfte als Selbstzweck nicht erklärt werden. Es ist nur eine Erweiterung des gleichen Prinzips." (Graeber 2014)

Wie wäre es, wenn Sie das Leben selbst mehr als ein großes Spiel betrachten können? Das haben die Inder schon vor ein paar tausend Jahren entdeckt und das Leben als „Lila", als ein göttliches Spiel bezeichnet, in dem alles Platz hat: angefangen bei Shivas kosmischem Tanz bis hin zu der Wildheit von Kali (das ist die Göttin mit den vielen Armen und einer Halskette aus Schädeln). Gut, vielleicht entspricht das nicht Ihrer Auffassung vom Sinn des Lebens, aber selbst der verbiesterte Ernst, die ständige Anspannung, die Angst vor Fehlern und vieles mehr wären da auch nur eine kleine Welle in diesem viel größeren Spiel des Lebens. Klingt dann doch irgendwie tröstlich.

Take-aways aus diesem Kapitel für Ihren Alltag

Frank Behrendt

Wie es Ihnen gelingt, Ihre eigene Rolle perfekt auszufüllen und in andere zu schlüpfen:

- **An der Basis sein:** „Nichts kommt von nichts" pflegte mein Vater stets zu sagen, wenn es um Ähnlichkeiten von Kindern und ihren Eltern ging. Und so ist es natürlich nicht komplett verwunderlich, dass meine Tochter einen Zugang zur Schauspielerei bekam. Ich höchstpersönlich habe es ihr schließlich vorgemacht. Seit ich denken kann, stand ich gerne auf der Bühne. Im Kindergarten als Hase in „Das Märchen vom Hasen und vom Igel", später in der Theater-AG der Schule und wie erwähnt als Komparse beim Film. Diese Erfahrung kann ich Ihnen allen nur empfehlen. Es geht dabei nicht ums Geld verdienen, denn reich wird da niemand – außer an Erfahrung. Denn es erdet herrlich, wenn man mal (wieder) ein kleines Rädchen im Getriebe ist. Kein Anführer, keine bedeutende Rolle einnehmend, ein kleines Puzzle-Teil, ein „Raumauffüller", wie es jemand mal scherzhaft sagte. Aber ohne die Komparsen sind Filme nicht authentisch, das wissen auch die Stars. Deshalb war und bin ich immer wieder erstaunt, wie wertschätzend Stars wie Mario Adorf oder Wotan Wilke-Möhring ihre Kleindarsteller-Kollegen am Set behandeln. Als „Kontakt zur Basis" würde man das im Management bezeichnen. Daran mangelt es vielen Führungskräften. Viele, die in der Hierarchie oben angekommen sind, waren lange nicht mehr in der Produktionshalle oder an der Verkaufsstelle. Mir hat der frühere Vorstandschef des Handelsunternehmens REWE, Alain Caparros, einmal sehr imponiert, als er uns auf einem Branchenevent erklärte, dass er seine Führungskräfte mindestens einmal im Jahr an der Basis im Einsatz sehen möchte. Das hielt er für bedeutender, als jede andere Art der Fortbildung. Ich habe diesen Rat immer gerne umgesetzt und es stets als erhellend empfunden, regelmäßig im „Maschinenraum" eines Unternehmens mitzuarbeiten. Gerade, wer den Kunden berät oder verkauft, sollte sich in der Tiefe auskennen – auch mit den Arbeitsprozessen im eigenen Unternehmen. Nach der Komparsenerfahrung bei Winnetou gemeinsam mit meiner Frau und Tochter habe ich mittlerweile in zahlreichen weiteren TV- und Kinoproduktionen mitgespielt, meist als sehr kleines Licht. Aber ich habe viel gelernt, zum Beispiel bei einem der aufwändigen Tatort-Drehs. Mit welcher Präzision dort zahlreiche Spezialisten Hand in Hand zusammenarbeiten, um ein perfektes Produkt abzuliefern, ist beeindruckend. Und Regisseuren, Produktionsassistenten oder der Special-Effects-Crew über die Schulter zu schauen, macht überdies noch Spaß. Jeder hat seine Rolle und die beherrscht er perfekt.

- **Rollen beherrschen lernen:** Schauspieler sind Profis darin, in eine Rolle zu schlüpfen. Wir alle im Berufsleben sollten das allerdings auch beherrschen. Ganz gleich, ob man Chef ist und ein Gespür für Mitarbeiter entwickeln möchte oder ob man als Mitarbeiter verstehen möchte, wieso der Chef so entscheidet oder nicht – ein Perspektivwechsel hilft. Gehalts- oder Beförderungsgespräche sind dabei ein beliebtes Spielfeld. Vielen sind gerade diese Gespräche extrem unangenehm. Dabei ist es eigentlich ein Dialog, der in der Regel viel klarer und vorhersehbarer abläuft als viele andere. Auf der Sachebene geht es darum, dass A gerne weiterkommen möchte – gehaltlich oder hierarchisch. B hat das Interesse, dass das Unternehmen, die Abteilung, das Team weiterhin gut oder gar besser funktioniert. A hat also die Aufgabe, seinen Mehrwert darzulegen. Je besser und überzeugender er es macht, umso eher wird B einem Gehaltsplus oder einer Beförderung zustimmen. Denn wenn ein wichtiger Baustein wie A weiter dabei hilft, einen Turm zu stabilisieren oder gar die Basis bietet, ihn höher zu bauen, wäre B schön blöd, auf ihn zu verzichten. Die Alternative wäre schließlich, dass Baustein A aus dem Konstrukt entfernt würde. Es könnte anfangen zu wackeln oder im schlimmsten Falle einstürzen. Wer mit Kindern Klötzchentürme gebaut hat, kennt das Phänomen. Ein früherer Coach hat mit uns jungen Führungskräften immer wieder geübt, wie man solche Gespräche optimal führt. Zentrale Message war stets eine gute Vorbereitung (auf beiden Seiten) und eine faktenbasierte Argumentation. „Wenn das Gespräch eine Stunde dauert, solltest du mindestens drei in eine gute Vorbereitung investieren", lautete sein Rat. Holly schrieb kürzlich in der Schule in Deutsch Werbebotschaften. „Beschreibt in kurzen prägnanten Sätzen,

6 Neue Rollen, oder: Eis in Nora Tschirners ...

warum die Menschen genau dieses Produkt kaufen sollen, und listet die wichtigsten Vorteile kurz und knapp auf", lautete eine Aufgabe im Übungsheft. Nicht anders ist es bei der Vorbereitung auf ein Gespräch. Was habe ich geleistet? Welche messbaren Ergebnisse habe ich erzielt? Was nehme ich mir vor? Welche Ziele zum Wohle meines Arbeitgebers habe ich? „Eine Gehaltserhöhung ist immer der Mix aus Belohnung und Erwartung", hatte mir einer meiner ersten Chefs mit auf den Weg gegeben. Man muss also für sich werben. Eine smarte frühere Mitarbeiterin hat mir bei einem Ehemaligentreffen erzählt, wie sie sich auf Gespräche mit mir vorbereitet hat. Sie nahm ihre Kernargumente, die sie vorbringen wollte, auf Band auf. Dann setzte sie sich an einen Tisch, ließ das Band laufen und hörte aus der „Chefperspektive" zu. Dann nahm sie sich selbst auseinander und entlarvte ihre eigenen argumentativen oder emotionalen Schwachpunkte. Sie löschte die Aufnahme und nahm einen neuen Anlauf. Ich hatte mich einst immer gewundert, wie hervorragend sie argumentierte und wie stimmig auf den Punkt sie es vorbrachte. Inzwischen weiß ich es, sie hat ihre Rolle perfekt geübt und sich in mich hineinversetzt.

- **Eine andere Brille aufsetzen:** Bevor ich als junger Geschäftsführer Bertold Ulsamer kennenlernte, hatte ich noch nie etwas von NLP gehört. Aber ich war von Beginn an fasziniert. Im NLP bezeichnet man den Perspektivwechsel als „Reframing". Gemeint ist damit, dass man Situationen und Erlebnissen einen neuen Rahmen geben kann, sie auch in einem anderen Licht betrachten könnte. Wir haben in unserem damaligen Management-Team mithilfe unseres Coaches regelmäßig negative Erfahrungen mit Kunden, Kollegen oder der Crew aufgearbeitet. Heraus kam meist, dass man die Situation vor allem auf eine gewisse Art und Weise aus der eigenen Brille betrachtet hatte. Wer sich über das Verhalten von jemand anderem geärgert hatte, war auch bei einer Nachbetrachtung negativ konnotiert. Aus diesem Muster muss man erstmal ausbrechen. Versuchen zu verstehen, warum der andere sich so verhalten haben könnte, ist ein Weg, um sich eine andere Form von Klarheit zu verschaffen. „Geht noch mal zurück in die Situation" ist ein Satz, an den ich mich immer noch erinnere. Und dann nahmen wir selbst die Rolle des Gegenübers ein und ein Kollege übernahm unsere eigene. Das Ergebnis war immer erhellend. Oft ergaben sich ganz neue Betrachtungsweisen, die im Moment des Ereignisses gar nicht reflektiert wurden. Kein Mensch kann aus seiner Haut. Wer privat massive Probleme oder Angst vor einer Kündigung hat, reagiert nicht rational bzw. neutral, auch einem Unbeteiligten gegenüber nicht, sondern sein Verhalten wird von dem Rucksack der Probleme, den er mit sich schleppt, beeinflusst. Bei einem Start-up-Workshop machte ich kürzlich mit einer Gruppe Jungunternehmer eine spannende Übung: Wir sollten eine für uns extrem negative berufliche Erfahrung positiv umdeuten. In einer kurzen Präsentation erklärten wir den anderen, wie positiv das damalige Scheitern für unseren weiteren Weg gewesen ist. „Als ich entlassen wurde, ist für mich erstmal eine Welt zusammengebrochen", berichtete einer. „Aber es war die beste kalte Dusche, die ich bekommen konnte. Als ich aufgewacht bin, habe ich festgestellt, dass der Rausschmiss eine Hilfe war, denn ich war für ein Angestelltenverhältnis überhaupt nicht geschaffen." Inzwischen ist er selbstständig und hat einen Laden für ausgefallene Geschenkartikel. Nehmen Sie sich ein Blatt Papier und erinnern Sie sich an einen dunklen Moment Ihrer bisherigen beruflichen Laufbahn. Versuchen Sie, eine positive Storyline zu formulieren darüber, was der damalige Tiefschlag Sie gelehrt hat oder wie er Sie am Ende doch vorangebracht hat. Dieses Muster einer alternativen Betrachtungsweise kann auch künftig bei weiteren negativen Erlebnissen hilfreich sein.

- **Virtuelle Rollen ausprobieren:** Wenn ein Wort aktuell Hochkonjunktur im Bereich Leadership hat, dann ist das „Authentizität". Wahrhaftig soll man sein, ungekünstelt, keine Rolle spielen. Aber seien wir alle mal ehrlich: Spielen wir nicht alle auch immer wieder irgendwelche Rollen – bewusst oder auch unbewusst? Manchmal auch, um zu provozieren. Dabei ist es heute in einer immer transparenteren Welt natürlich ratsam, mehr das „wahre Ich" zu zeigen als einen schönen Schein. Nichts ist schließlich schlimmer, als öffentlich „entlarvt" zu werden. Ein investigativer Journalist sagte einmal bei einer Diskussionsrunde in Berlin, an der ich teilnahm: „Es kommt sowieso immer alles raus, die einzige Frage ist nur wann." Gerade in den sozialen Netzwerken stellen sich viele gerne extrem positiv dar. Wenn die Fassade bröckelt, gibt es oft ein böses Erwachen und der einst gute Ruf ist zumindest angekratzt. Aber es gibt eine Spielwiese, auf der Sie völlig unfallfrei eine Rolle spielen und dabei auch noch Spaß haben können: Computerspiele. Der britische Psychologe Andrew Przybylski von der Universität Essex hat herausgefunden, dass das Schlüpfen in eine virtuelle Rolle im Spiel die Gamer ihrem idealen Selbst näherbringt. Die Motivation ist dann am größten, ermittelten die Forscher, wenn die angenommene Rolle nicht zu sehr von der Realität abweicht, sich also ideales und reales Selbst überschneiden. Dabei ergeben sich spannende psychologische Verhaltensmuster: Wenn ein Spieler beispielsweise lieber etwas aufgeschlossener anderen gegenüber wäre, dann hat er ein gutes Gefühl, wenn er eine Rolle mit diesem Charakterzug annimmt, ist eine der Erkenntnisse von Przybylski. „Es hat mich ermutigt zu sehen, dass die Menschen nicht vor sich davon – sondern vielmehr zu ihren Idealen hinlaufen", resümierte der Psychologe. Bei der vielen (oft berechtigten) Kritik in Bezug auf Computerspiele ist das eine sehr positive Nachricht. Daher dürfen Sie abseits des Jobs gerne auch mal bedenkenlos „daddeln" und wer weiß, vielleicht überträgt sich die eine oder andere Attitüde Ihres angestrebten Idealbildes aus dem digitalen Orbit demnächst ins Büro – ganz spielerisch.

Literatur

Fisseni H-J (1984) Persönlichkeitspsychologie. Auf der Suche nach einer Wissenschaft. Ein Theorienüberblick. Hogrefe, Verlag für Psychologie, Göttingen

Graeber D (2014) What's the point if we can't have fun?, The baffler No. 24. https://thebaffler.com/salvos/whats-the-point-if-we-cant-have-fun. Zugegriffen am 17.06.2019

Horvath Ö von (2019) Wikiquote. https://de.wikiquote.org/wiki/%C3%96d%C3%B6n_von_Horv%C3%A1th, https://de.wikiquote.org/wiki/Diskussion:%C3%96d%C3%B6n_von_Horv%C3%A1th. Zugegriffen am 21.06.2019

Hüther G (2019) Interview mit Ishu, Das absichtslose Spiel. Osho Times, 5/2019, S 9–12

Hüther G, Quarch C (2018) Rettet das Spiel! Weil Leben mehr als Funktionieren ist. btb, München

Loehr JE (1996) Die mentale Stärke. Sportliche Bestleistung durch mentale, emotionale und Physische Konditionierung. BLV, München/Wien/Zürich

Pausch R, Stuff R (23. Mai. 2019) Und raus bis du. Die Zeit Nr. 22

Wiens M (2019) Was Unternehmen von Minecraft lernen können. Brand eins 03/19, S 92–95

7

Hinterfragen, oder: Wer nicht fragt, bleibt dumm

In der Arbeitswelt erledigen viele ihre Jobs mit voreingestelltem Navi. Statt zu (hinter-)fragen, wird erledigt. Kinder fragen ohne Ende – warum hören wir damit auf?

Frank Behrendt
„Der, die, das – wer, wie, was – wieso, weshalb, warum – wer nicht fragt, bleibt dumm." Mit dem legendären Song der Sesamstraße haben alle meine drei Kinder ihre Fernseh-Konsum-Karriere gestartet. Und wenn Holly zu ihrem typischen „Papa, ich hab da mal eine Frage …" ansetzt, läuft dieser Song automatisch als Endlos-Repeat in meinem Hinterkopf ab.

Der britische Online-Händler „Littlewoods" gab im Jahr 2013 eine spannende Studie in Auftrag, bei der es um das Frageverhalten von Kindern ging. Herauskam, dass Mädchen im Alter von vier Jahren die Frageweltmeisterinnen sind. Stolze 390 Fragen stellen die Knirpse ihren Eltern durchschnittlich pro Tag. Alles wird in Frage gestellt und das ist gut so, denn nur so lernen die Kleinen die Welt verstehen und entdecken neue Perspektiven. Dummerweise verlernen wir mit fortlaufendem Alter die Fragerei. Der Grund? Am Ende hat es etwas mit unserem Bildungssystem zu tun: Belohnt wird, wer die richtige Antwort weiß. Wer die besten Fragen stellt, bekommt dagegen kein Sternchen. Fragen sind schließlich ein Privileg des Lehrkörpers.

An meiner Tochter Holly bewundere ich, dass es ihr herzlich egal ist, ob man fragen darf oder nicht. Sie fragt einfach alle und alles. Schon im Kindergarten fiel sie dadurch auf, dass sie Dinge infrage stellte. Wenn andere Kinder und ihre Eltern es als selbstverständlich akzeptierten, dass es eine Delfin-, eine Löwen- und eine Igel-Gruppe gab, fragte Holly, wieso es denn keine Pferde- oder Elefanten-Gruppe gab, denn ein Igel wollte sie eigentlich nicht sein. Als wir vor der Einschulung das Angebot an Schulranzen begutachteten, fragte Holly die Verkäuferin im alteingesessenen Fachgeschäft, wieso es kein Modell mit freundlichen Monstern gab. Die Dame machte ein Zitronengesicht und bemerkte: „Mädchen mögen am liebsten Pferde und Elfen". Holly überzeugte das nicht und daher kauften wir einen eigentlich für Jungen gedachten Ranzen, auf dem jede Menge fröhliche Dinosaurier ihr Unwesen trieben.

In unserer Erwachsenenwelt neigen wir dazu, Dinge zu verkomplizieren – vermutlich um ihnen und uns eine größere Bedeutung zu geben. Holly liebt es, mit mir ins Büro zu kommen. Bewaffnet mit Malblock und Stiften war sie kürzlich wieder mit mir im Kölner Haus der Kommunikation der Agentur Serviceplan zu Gast.

Nachdem sie ein Bild gemalt hatte, stiefelte sie durch die Großraumbüros und fragte einige Kolleginnen unserer Media-Agentur, die mit mir auf der gleichen Etage sitzen, was sie da eigentlich machen. „Ähm, ja, also wir, im Grunde schalten wir ..." Gar nicht so einfach, einem Kind Mediapläne und das Buchen von Kontingenten in wenigen Worten

7 Hinterfragen, oder: Wer nicht fragt, bleibt dumm

verständlich zu machen. Nachdem Holly die ersten Erklärungsversuche mit einem „Verstehe ich nicht" quittierte, verließ eine Kollegin, die alle nur „Charlie" nennen, kurzerhand den Raum. Sie kehrte mit einem Stapel Pferdezeitschriften zurück und schlug eine Seite mit einer Anzeige in der „Wendy" auf: „Schau mal, Holly, wir bringen diese Werbung für den tollen Playmobil-Reiterhof in die Pferdezeitung, damit die Mamis und Papis ganz viele Reiterhöfe für Mädchen wie dich kaufen. Und dafür kriegen wir etwas Geld davon ab." Holly nickte, strahlte und fragte, ob sie die „Wendy" haben könnte. Sie konnte ... Warum wir alle mehr (hinter-)fragen sollten und wieder lernen müssen, Kompliziertes in einer immer komplexer werdenden Welt einfach zu erklären, davon handelt dieses Kapitel. Albert Einstein gilt als genialer Geist und hat zur Kunst des klugen Fragens einen, wie ich finde, genialen Satz gesagt: „Wenn ich eine Stunde Zeit hätte, um ein Problem zu lösen, und mein Leben hinge davon ab, eine Lösung zu finden, würde ich die ersten 55 Minuten damit verbringen, die richtige Frage zu suchen, denn mit der richtigen Frage kann ich das Problem in weniger als fünf Minuten lösen."

Bertold Ulsamer
Wer nicht fragt, bleibt dumm! Kinder stellen noch, wie gerade erfahren, bis zu stolze 390 Fragen und mehr pro Tag. Alles wird infrage gestellt, zu allem wird eine Frage gestellt und das ist gut so, denn nur so lernen die Neuankömmlinge die Welt zu verstehen. Wir Alten aber haben „dummerweise" mit den fortlaufenden Jahren die Fragerei verlernt. Der Grund? Wann und warum haben Sie selbst aufgehört ernsthaft zu fragen (außer rhetorische Fragen natürlich, bei denen die Antwort schon vorgegeben ist)? Können Sie sich noch erinnern? Warum fragen Sie wenig oder gar nicht? „Wann fängt das Meeting an?" und „Wie soll das Wetter morgen werden?" zähle ich übrigens nicht zu den relevanten Fragen.

Keiner will dumm erscheinen

Um die Antwort zu finden, genügt eine einfache Vorstellung: Sie sitzen seit Stunden im Meeting, hören den weitschweifigen Ausführungen Ihres Chefs zu, die Sie im Grunde nicht wirklich verstehen, und dann heben Sie die Hand und fragen nach: „Das habe ich jetzt nicht begriffen. Was genau meinen Sie?" Peinlich, nicht wahr? Wenn dann in der Kaffeepause einige Kollegen miteinander tuscheln, können Sie sich schon vorstellen worüber und über wen. Wer eine solche Frage stellt, offenbart damit, dass er etwas nicht weiß oder nicht verstanden hat. Krass ausgedrückt, zeigt er damit, dass er „dumm" ist. Und wer will schon im Unternehmen und überhaupt als Erwachsener im Leben dumm erscheinen? Die Lehrer in der Schule machen es einem vor. Sie wissen auf alles die Antwort – oder tun wenigstens so. So viel wie die will ich auch wissen und können, nimmt sich dann ein Kind vor.

Eine Coaching-Klientin von mir war befördert worden und beschrieb ihre Lernerfahrungen in der neuen Position sehr eindrücklich. „Anfangs fühlte ich mich in manchen dieser Meetings so inkompetent. Da kamen immer wieder Fragen, auf die ich keine Antwort wusste. Ich erlebte das einfach als sehr peinlich für mich. Bis ich mit der Zeit herausfand, dass die anderen oft auch keine Antwort hatten. Aber das verbargen sie geschickt hinter irgendwelchen Floskeln, Worthülsen und weitschweifigen Ausführungen. Natürlich blickt man da mit der Zeit dahinter. Inzwischen kann ich das auch gut. Ich weiß keine wirkliche Antwort, aber ich fange einfach an zu reden. Dabei geht es gar nicht um die Antwort und die Lösung eines Problems, sondern nur darum, nicht das Gesicht zu verlieren und seine eigene Position in der Hierarchie zu behaupten."

7 Hinterfragen, oder: Wer nicht fragt, bleibt dumm

Kommt das Ihnen vertraut vor? Es heißt immer so schön „Wer fragt, der führt". Aber das gilt nur in bestimmten Kontexten. Der Philosoph Sokrates zum Beispiel ist heute noch bekannt für seine Kunst, Fragen zu stellen. Mit seinen Fragen erschütterte er die scheinbare Sicherheit seines Gesprächspartners, der anfangs dachte, Bescheid zu wissen. Schließlich entdeckte der Befragte dann sein eigenes Nicht-Wissen und von hier aus kam er zu neuen Erkenntnissen. Will das jemand im Betrieb? Glauben Sie, dass Ihr Chef sich von Sokrates ausfragen lassen würde? Oder Sie sich? Vom alten Griechenland zurück zum Meeting: Wer fragt, zeigt sich dumm. Und das ist unangenehm. Denn anscheinend gehört es zur eigenen Rolle im Unternehmen, auf alle Fragen die Antwort zu kennen. Oder ist das bei Ihnen anders?

Jüngst habe ich einen Internetkurs mit dem Titel „Allow yourself to feel (occasionally) stupid!" und dem Untertitel „A new way to freedom" veröffentlicht (Ulsamer 2018). Ich nutze immer gerne meine persönlichen Themen als Anregung für Seminare oder solche Kurse, ganz nach dem Motto: „You teach best what you most need to learn". Einige Kerngedanken aus dem Kurs sind: Für Kinder ist die Welt nicht nur ein endloser Abenteuerspielplatz, sondern erst einmal – auch – eine große Überforderung. Denn sie kommen hilflos und unwissend auf dieser Welt an, völlig abhängig von den Mitmenschen. Sie wissen, dass sie allein verloren wären. Deshalb schreien die kleinen Kinder im Kaufhaus auch so mörderisch, wenn sie die Mama nicht mehr finden. Dazu braucht ein Kind keine großartigen intellektuellen Überlegungen anzustellen. Der Organismus gerät einfach in Panik. Dieses am Anfang völlig hilflose und unwissende Wesen meistert irgendwann den Straßenverkehr, die Schule und das Handy. Eigentlich nur zum Staunen – irgendwie unvorstellbar, was dieser kleine Mensch in so kurzer Zeit aufgenommen und verinnerlicht hat. Und das ist nicht etwa der Weg eines genial Begabten, sondern wir alle haben ihn hinter uns gebracht.

Kinder stellen alles infrage und so lernen die Kleinen die Welt verstehen und entdecken. Holly hat Glück. „Papa, ich hab da mal eine Frage …" und der Papa freut sich über das wissbegierige Töchterlein. Sie wird zu ihren Fragen ermuntert, ja, sie kann stolz sein, dass sie so viel fragt.

Wie die Umwelt auf Fragen reagiert, macht einen so großen Unterschied. Kinder hören auch Sätze wie „Frag nicht so dumm!" und sehen dabei das gestresste Gesicht von Mutter und Vater. Oder ein Kind bekommt neunmal geduldig seine Frage beantwortet. Aber beim zehnten Mal kommt eine Reaktion wie „Du gehst mir gerade so auf den Geist. Kannst du nicht mal einen Moment still sein und aufhören zu fragen!" Dieser Schock, diese eine negative Erfahrung, überschreibt die neun positiven vorher. Die meisten von uns kennen solche Erlebnisse aus der Kindheit, auch wenn sie sich nicht mehr konkret daran erinnern. Aber sie spüren es noch in ihren Zellen – daher die Vorsicht, „dumme" Fragen zu stellen.

Wie wir frühe Wunden kompensieren

Ich erinnere mich an eine peinliche Erfahrung meiner Kindheit: Kaffeekränzchen meiner Mutter mit ihren Nachbarinnen. Tratsch und Klatsch und als ein Höhepunkt folgte eine lustige Geschichte vom kleinen Bertold – was er da gesagt, gefragt oder getan hat. Schallendes Gelächter. Und ich als kleiner Junge irgendwo am Rand völlig beschämt, weil ich den Grund des Lachens nicht verstand. Was war denn so witzig an mir gewesen? Ich spürte die brennende Peinlichkeit und kam mir einfach nur dumm vor. Aus solchen Gefühlen der Beschämung erwächst ein

7 Hinterfragen, oder: Wer nicht fragt, bleibt dumm

ganz großer Antrieb, nie mehr dumm erscheinen zu wollen. Dazu muss jemand ganz viel lernen und immer schlauer werden, am besten dann als Professor oder Wissenschaftler Karriere machen. Das ist dann der endgültige Beweis: Jetzt sieht die Welt, dass er nicht dumm, sondern klug ist!

Negative Erfahrungen in der Kindheit werden so der versteckte Antrieb zu späteren Höchstleistungen. Wer ganz besonders schlau sein will, kämpft gegen das gegenteilige Gefühl tief in seinem Inneren an. Die gleichen Mechanismen der Psyche wirken auch bei anderen Themen. Wem etwas über alles geht, der bekämpft damit meist eine entgegengesetzte Seite in sich, die sich ganz und gar wie das Gegenteil anfühlt. Wer von allen bewundert werden will, will eine Seite in sich nicht wahrhaben, die sich unscheinbar und ignoriert vorkommt. Wer verbissen nach Macht sucht, der versteckt die Seite in sich, die sich ohnmächtig und hilflos fühlt. Wer unbedingt gemocht werden will, fühlt sich in der Tiefe nicht geliebt und zweifelt daran, liebenswert zu sein.

Der Ursprung sind alte Erfahrungen und Erinnerungen, die sehr weit zurückreichen. Jeder von uns kennt alle oder die meisten dieser Themen. Niemand will unscheinbar, ohnmächtig oder ungeliebt sein. Aber oft hat jemand einen klaren Favoriten. Was ist Ihr Favorit? Sie erkennen Ihre Themen übrigens auch an Ihren Urteilen über andere Leute. Je stärker Sie jemanden für bestimmte Eigenschaften verurteilen, desto mehr ist diese Qualität auch ein geheimes Thema bei Ihnen. Der andere ist dann die „Projektionsfläche", auf der Sie gut etwas über sich selbst entdecken können. Donald Trump ist beispielsweise eine solche hervorragende Projektionswand. Natürlich hat er eine Menge von Eigenschaften, die auch ich nicht gut finde. Je mehr Sie aber über ihn schimpfen oder sich über ihn mokieren und sich besser vorkommen als er, desto mehr zeigen Sie, wie wenig Sie eigentlich von sich selbst und Ihren versteckten Tiefen wissen. Ohne Ihnen zu nahe treten zu wollen, aber das muss in diesem Kontext erwähnt werden.

Dabei gibt es eine große Gemeinsamkeit hinter all den verschiedenen Favoriten. Was auch immer jemand anstrebt, auf jeden Fall will er nicht in der Masse untergehen. Auf den Punkt gebracht: Jeder will „etwas Besonderes" sein! Mit diesem Antrieb ist jemand – paradoxerweise – dann ganz normal. Durchschnittlich zu sein, verursacht einen Stich ins Herz. Das zeigen eine Reihe von Befragungen (Dobelli 2019). Der Normalbürger überschätzt sich selbst. „Overconfidence" nennen Forscher diesen Effekt. 84 Prozent der französischen Männer gaben an, überdurchschnittlich gute Liebhaber zu sein. Wenn die eigene Einschätzung richtig wäre, dann dürften nur fünfzig Prozent über dem Durchschnitt sein. Allzu viele glauben also, zu den Besseren, zu den Besonderen zu gehören. 90 Prozent der Schweden geben an, überdurchschnittlich sichere Autofahrer zu sein. Sind Sie nicht auch selbst ein überdurchschnittlicher Fahrer? Vielleicht stimmt die Einschätzung ja auch. Was aber sind die Grundlagen Ihrer Einschätzung?

Auch das Brautpaar vor dem Standesbeamten weiß, dass die Hälfte der Ehen geschieden wird. Und trotzdem sind beide fest davon überzeugt: Andere lassen sich später vielleicht scheiden, aber wir doch nicht! Ein klarer Fall von Selbstüberschätzung. Kurzum, wer normal ist, glaubt, dass er besser ist als die anderen, zumindest in einigen Bereichen. Und wenn jemand es nicht schafft, dass er für seine Qualitäten (Erfolg, Reichtum, Aussehen usw.) bewundert wird? Dann will er wenigstens am negativen Pol besonders sein. Besonders rücksichtslos, besonders eklig, besonders verachtenswert, besonders schrecklich. Alles besser, als bloßer, unscheinbarer Durchschnitt zu sein.

Wann es sinnvoll wäre, etwas dümmer zu sein

Zurück zum Thema Dummheit und Nicht-Wissen. Leider erkennen wir manchmal nicht, wenn wir eigentlich zu wenig verstanden haben. Unzählige Konflikte sind die Folge davon. Zu den Auseinandersetzungen käme es nicht, wenn die Beteiligten sich ein bisschen mehr Nicht-Wissen zugeständen. Eine Geschichte aus der ZEIT lautete: „‚Was ist ein Zombie?', fragte meine fünfjährige Tochter. ‚Ein Toter, der wiederaufersteht', antwortete ihre achtjährige Schwester. ‚Ach so, wie Jesus …' darauf die Jüngere, sichtlich erleichtert, etwas von der Welt verstanden zu haben" (Heinrich-Szentgyörgyi 2019).

Wie haben wir Worte und unsere Sprache erlernt? Holzschnittartig sieht die Entwicklung ungefähr so aus: Das Neugeborene hat erst einmal nur Wahrnehmungen und Empfindungen, so wie ein Tier auch. Irgendwann kommt die erste Benennung „Mama". Später kommt die Zeit, in der das Kleinkind begeistert feststellt, dass es jetzt weiß, was eine „Miau" ist und diese sogar von einem „Wauwau" unterscheiden kann. Jetzt lernt es mehr und mehr, die Welt über Worte zu begreifen. Das vorherige, ineinanderfließende Chaos klärt sich über die Begriffe. Die Welt, der sich das Kind vorher ausgeliefert fühlte, scheint ein Stück weit unter seine Kontrolle zu kommen und „begriffen" zu werden. Und das geht immer weiter. Die Worte werden abstrakter und abstrakter, die Gedankengebäude immer höher. Zwanzig Jahre später kreisen dann die Gespräche um Internet, Freiheit, Wohlstand, Demokratie.

Mit den Worten und der Sprache, die dann die Bausteine des Denkens sind, beginnt die menschliche Kultur. Zwei Phasen lassen sich unterscheiden. In der ersten Lebensphase wird Sprache über die einzelnen Worte erlernt. Die Worte scheinen dabei magisch. Sie legen etwas fest, unterscheiden und ordnen auf bestimmte Weise so die Welt. Worte verbinden mit anderen, denn sie stammen aus der eigenen Gruppe, die die gleichen Worte benutzt und also auch die Welt ähnlich benennt und sieht. Das Kleinkind verlässt seinen Kokon, entpuppt sich und wird über die Sprache erst Teil der Familie, dann der Gesellschaft und seiner Kultur. Es gehört jetzt dazu. Kein Wunder, dass wir so überzeugt von unseren Worten und Begriffen sind! Die zweite Phase beginnt dann, wenn jemand entdeckt, dass Worte und Begriffe doch nicht so magisch eindeutig sind. Denn das gleiche Wort wird von unterschiedlichen Menschen unterschiedlich gebraucht und mit persönlichen Inhalten gefüllt. Das mag für den Einzelnen eine zu große Ernüchterung sein: Ich dachte nun, wir sehen und benennen gemeinsam die Welt gleich – und jetzt bin ich doch wieder allein. Deswegen hängen wir so fest an der ersten Phase.

Ein Beispiel: In einem meiner Firmentrainings sollten sich die Teilnehmer gegenseitig mit ihren Kerneigenschaften beschreiben. „Du bist recht ehrgeizig", meinte der eine zum Kollegen. Der ging empört in die Luft. „Das stimmt doch überhaupt nicht! Wie kannst du das behaupten?!" „Doch, du bist ehrgeizig, das erlebe ich doch", entgegnete der erste jetzt etwas gereizt. Ein heftiger Streit begann, sich am Horizont abzuzeichnen. Ich ging dazwischen mit der Frage: „Was verstehen Sie denn unter ehrgeizig?" „Ganz einfach. Setzt sich für seine Ziele engagiert ein und will aufsteigen." Und dann die gleiche simple Frage an den, der sich so heftig wehrte. „Also ehrgeizig ist jemand, der über Leichen geht, der sich rücksichtslos im Unternehmen nach vorne drängt!" „Aber das habe ich auf keinen Fall gemeint", sagte jetzt fast entschuldigend der Erste. „Ich finde, du bist ein gutes Teammitglied." Die Sonne kam hinter den Wolken hervor. Eine einfache „dumme" Nachfrage hatte gereicht, das zu klären.

7 Hinterfragen, oder: Wer nicht fragt, bleibt dumm

Das war ein offensichtliches Beispiel. Wir füllen dauerhaft Worte mit unterschiedlichen Inhalten, immer den eigenen, auch wenn das oft nicht so eindeutig ist wie gerade. Wichtig ist, dass es kein Richtig oder Falsch gibt. Es wäre eine sinnlose Anmaßung, wenn ich mir einbilden würde, dass ich wüsste, was ehrgeizig „in Wirklichkeit" ist. Denn eine solche Wirklichkeit gibt es nicht, nur Vereinbarungen, was gemeint sein könnte. Auf zwei Schubladen steht das gleiche Wort, aber der eine füllt die Schublade mit diesen Inhalten und Gefühlen, der andere mit jenen.

Je abstrakter das Wort, desto größer die jeweilige Schublade und desto unklarer der konkrete Inhalt. Man nehme Worte wie „Freiheit" und „Gerechtigkeit", politische Richtungen wie „rechts" und „links" oder auch einfach nur „männlich" und „weiblich". Was kommen da für unterschiedliche Erfahrungen, Einschätzungen, Gefühle und Begriffe aus der jeweiligen Schublade! Leider kommt es viel zu häufig zum Streit um das Etikett und den „richtigen" Inhalt der Schublade statt um die konkreten Erfahrungen, die dahinterstehen. Sich da ein bisschen mehr Unwissenheit (= Dummheit) zuzugestehen, erleichtert ungemein den Kontakt mit anderen.

Das ist oft nicht üblich. In einem Artikel berichtet ein Journalist, der aus einer Arbeiterfamilie kommt, von seinem Studium und wie problematisch die Sprache der Akademiker ist. „Wer klug klingen will, webt komplexe Satzgeflechte. Inhalte werden begraben unter einer Kaskade von Fremdwörtern. Weil Nachfragen fehlen, beherrscht die gefährlichste Art zu denken die Debatte: die Pauschalierung." (Stark 2019) Dabei teilen wir vielleicht im Grunde beim konkreten Sachverhalt die gleiche Ansicht, aber wir gehen in heftige, grundsätzliche Auseinandersetzungen, weil wir unterschiedliche Worte verwenden. Und jeder pocht darauf, dass seine Definition des Wortes die einzig richtige ist! Sehr schnell geht es gar nicht mehr um Inhalte, sondern es wird zum Machtkampf, wer Recht hat.

Dumme Fragen stellen im Management

Fange ich doch mit einem Originalzitat einer Führungskraft über das Vermeiden von Fragen in Unternehmen an: „Lass dich ja nicht bluffen! Es gibt kaum eine Führungskraft, die mit offenem Visier agiert. Ich würde erst einmal davon ausgehen, jeder hat seine ‚Hidden Agenda'. Er denkt sich: ‚Lass den nicht hineinschauen.' Denn dann stellen andere nur unangenehme Fragen. Ich präsentiere ihm, was er sehen will. Das ist menschlich. Es sind die Wenigsten, die sagen: ‚Das ist mein Geschäft, das sind meine Herausforderungen, da bin ich unsicher, da habe ich ein paar Leichen im Keller, und das habe ich noch nicht verstanden.' Das sagt dir doch keiner. Das wollen auch die Wenigsten hören, bei den meisten kommt es gar nicht gut an."

Vor ein paar Jahren wollte ich mit einem erfolgreichen Freund ein Buch über seine Vorgehensweisen und Strategien in seinem Unternehmen schreiben und interviewte ihn dazu. (Leider hat die Firma das Buchprojekt dann nicht genehmigt.) Er hatte schon mehrfach schwierige Abteilungen in immer neuen Sparten übernommen und sie wieder auf Kurs gebracht. Was ist wichtig für einen neuen Chef, der eine fremde Abteilung übernimmt? Er muss sich ein eigenes verlässliches Bild jenseits aller Zahlen, Schaubilder und Organigramme machen. Wer erkennen will, wo Verbesserungspotenzial liegt, der muss genau die Kanten und Ecken der Praxis kennen. Welche Arbeit wird wie tatsächlich geleistet? Was versteckt sich hinter den großen Kennzahlen?

Die unmittelbare Erfahrung durch die Teilnahme am Arbeitsplatz verschafft ein ungeschöntes, direktes Bild. Hier hat insbesondere ein neuer Vorgesetzter, wenn er aus anderen Bereichen kommt, Vorteile. Zum einen ist sein Blick nicht durch Beziehungen und Erlebnisse der Vergangenheit

7 Hinterfragen, oder: Wer nicht fragt, bleibt dumm

getrübt. Zum anderen darf er aber unschuldige Neugier zeigen, ohne dass das – wie vielleicht beim direkten eigenen Vorgesetzten – als misstrauische Kontrolle gesehen wird. Dumme Fragen mit ehrlichem Interesse sind erlaubt und gefordert. „Was machen Sie da eigentlich?", „Wozu dient das?", „Ist das unbedingt nötig?", „Lohnt sich eigentlich der Zeitaufwand?", „Wie geht das dann weiter?" So macht sich der Neuling ein eigenes Bild. Das ist ein festes Fundament, von dem aus er weiter handeln kann. Es braucht fast so etwas wie Zivilcourage, durch die Papierwand der Zahlen und Schaubilder zu stoßen. Wer den Film „Die Truman Show" kennt, hat gesehen, wie schwierig es sein kann, Kulissen zu durchbrechen.

Aber ist das nicht eigentlich eine unmögliche Aufgabe? Soll jemand vielleicht alle Arbeitsplätze aus eigener Anschauung kennen? Hat ein Chef nichts Wichtigeres zu tun? Verzettelt sich da nicht jemand korinthenkackerisch im Kleinkram? Das sind berechtigte Fragen. Die Gefahr besteht tatsächlich. Nicht umsonst gibt es die Geschichten von den Unternehmerpatriarchen, die ihre Chefsekretärin kontrollieren, sodass sie auch ja keine freie Rückseite eines Papiers ungenutzt in den Papierkorb wirft.

Die Kunst ist es, hier die richtige Balance zu finden. Je mehr Erfahrung jemand hat, desto leichter fällt es ihm. Der Anfänger muss sich vorsichtig zu seinen eigenen Erfahrungen vorantasten. Die sind dann ein überzeugendes Argument, wenn es darum geht, mögliche Verbesserungen zu diskutieren. Es geht nun um die konkreten Beobachtungen, nicht mehr nur um Meinungen („Wir sind nicht effektiv genug"). Auf diese Weise entwickelt jemand immer mehr Vertrauen in die eigene Wahrnehmung. Welchen Informationen kann ich trauen? Welche Informationen brauche ich noch? Gibt das alles ein zusammenhängendes, stimmiges Bild? Wenn er dem innerlich zustimmt, dann hat jemand wirklich eine eigene fundierte Meinung.

„Was ist die Arbeit in der Media-Agentur?", fragt Holly bei ihrem Besuch ganz unschuldig. Was macht ihr eigentlich? Wenn Sie selbst Ihre eigene Arbeit betrachten – könnte Holly verstehen, was Sie da eigentlich machen? Vor lauter Plänen, Zielvereinbarungen und Meetings geht das Wesentliche manchmal verloren. Was schon immer gemacht wurde, wird dann zum Selbstzweck, der nicht mehr hinterfragt wird. Welchen Nutzen schaffen Sie? Können Sie das Holly mit drei Sätzen erklären?

Die Welt verstehen

Zum Schluss noch ein paar Gedanken, die durch das Thema „Dummheit" angeregt wurden. Menschen wollen seit Anbeginn der Zeit die Welt erforschen und verstehen. Dieser unwiderstehliche Drang treibt den Menschen vorwärts. Das ist eine Kraft, die sich anscheinend durch nichts und niemanden bremsen lässt. So erkunden neugierige Menschen und Forscher schon immer Möglichkeiten, um die bisherigen menschlichen Grenzen zu überschreiten. Heftiger Widerstand regt sich dann: „Das ist gefährlich.", „Das ist unmoralisch!" Aber solche Urteile haben noch nie den Fortschritt aufgehalten. Ein Beispiel ist die Reproduktionsmedizin. In Erlangen kam am 16. April 1982 als damalige Sensation das erste deutsche Retortenbaby auf die Welt. Das war ein großes Experiment, vorher war die Befruchtung einer Eizelle im Reagenzglas nur bei Mäusen und Kaninchen geübt worden. Deswegen war die Methode sehr umstritten und mancher befürchtete verheerende psychische Folgen. „Das war das Hauptproblem damals, dass man gesagt hat, die Kinder fühlen sich später nicht geliebt, weil sie aus der Kälte, aus dem Labor kommen und nicht aus der Wärme der Vereinigung von Mann und Frau. Es hat sich

7 Hinterfragen, oder: Wer nicht fragt, bleibt dumm

heutzutage gezeigt, dass es umgekehrt der Fall ist. Die Kinder von Patienten mit Sterilitätsproblemen fühlen sich sehr geliebt von den Eltern, und eigentlich noch mehr geliebt, weil sie ja Wunschkinder sind." (Professor Ralf Dittrich, Unifrauenklinik Erlangen, in: Nikola 2018).

Wer regt sich heute noch darüber auf? Inzwischen sind allein in Deutschland über 100.000 Kinder so gezeugt worden. Und es ging und geht immer weiter – bis irgendwann wirklich Männer und Frauen überflüssig sind. Denn Kinder zeugen ohne Sex – das gehört längst zum Alltag der Reproduktionsmedizin. Dabei wird der Fortschritt zunächst durch Verbote behindert. So ist in Deutschland sowohl die Eizellspende als auch die Leihmutterschaft verboten. Die Betroffenen mit Kinderwunsch weichen ins Ausland aus. Irgendwann werden dann auch in Deutschland die Verbote fallen.

Für den Laien ist die Entwicklung der letzten Jahrzehnte schier unglaublich. Einfache Körperzellen können zurückverwandelt werden in Stammzellen, aus denen Eizellen und Spermien entstehen. Bei Mäusen ist das schon gelungen, beim Menschen bislang (!) noch nicht. Bei Tierversuchen ließ man in Philadelphia die so entstandenen Embryonen in künstlichen Gefäßen heranwachsen, bis sie überlebensfähig waren.

Im Falle seltener Erbkrankheiten kann der gesunde Zellkern einer befruchteten Eizelle in eine neue Eizelle verpflanzt werden. Damit wird ein kleiner Teil des Erbgutes ersetzt. Der entstehende Mensch hat dann drei Eltern: zwei Mütter und einen Vater. Pluripotente Stammzellen können sich zu jedem beliebigen Zelltyp in einem Organismus entwickeln. Wenn man daraus nun männliche und weibliche Geschlechtszellen entwickelt und diese zur Verschmelzung bringt, würde man Lebewesen mit nur einem Elternteil schaffen (Breuer 2015). Der Fortschritt hat eine immanente Dynamik, die sich nicht aufhalten lässt. Erkennen! Begreifen! Kontrollieren! Mit dem neuen Wissen die Welt verändern!

Aber dieser Drang hat auch noch eine andere Seite. Wir können immer mehr wissen – und stoßen trotzdem immer ins Unwissen hinein. Schon Goethes Faust war klar, dass er auf der einen Seite schlauer ist als all die anderen Doktoren, Magister, Schreiber und Pfaffen. Doch da gibt es auch den anderen Pol: „Und sehe, dass wir nichts wissen können. Das will mir schier das Herz verbrennen." Auch dieses schmerzende Herz treibt den Menschen an, immer mehr Erkenntnisse sammeln zu wollen und so das Nicht-Wissen, die „Dummheit" zu verdrängen. „Und sehe, dass wir nichts wissen können …"

Im Alltag soll Fachwissen oft all das überdecken, was wir nicht wissen und verstehen. Wir müssen nur zur heutigen wirtschaftlichen Entwicklung schauen, die sich immer noch dem Wachstum verschrieben hat. Sachkundige gehen dann in ihren Themen auf (und unter) und vergessen eine einfache Frage: Inwieweit ist das noch sinnvoll? Diese grundsätzliche Frage wirkt naiv und, damit gleichgesetzt, „dumm". Die kann nur das unschuldige Kind in Andersens Märchen stellen.

Ich bin in einer Kleinstadt in einer katholischen Familie aufgewachsen. Damals gab es noch eine strenge Trennung zwischen den Katholischen und den Evangelischen. Die „dumme" Frage, die mir mit etwa zwölf Jahren kam, war: Meine Eltern und ich sind so überzeugt, den richtigen Glauben zu haben. Aber das wäre ich doch auch, wenn ich in einer evangelischen (heute vielleicht mohammedanischen oder buddhistischen) Familie aufgewachsen wäre. Woher nehme ich das Kriterium, was richtig ist? Damals habe ich mich nicht getraut, meinen Eltern die Frage zu stellen. Schade.

7 Hinterfragen, oder: Wer nicht fragt, bleibt dumm

Als Kind und als Jugendlicher haben wir solche grundsätzlichen Fragen noch gestellt. Erinnern Sie sich an die Fragen, die Ihnen damals wichtig waren? Welche dummen Fragen hatten Sie zu Beginn Ihres Lebens/Ihrer Schule/Ihres Studiums/Ihres Berufs? Welche haben Sie heute noch? Aber wer viel fragt, wird zum Störenfried. Das kann unangenehme Konsequenzen haben. Und wie schon beim Kapitel über Mut und Anpassung – das auf sich zu nehmen, ist nicht jedermanns Sache. Was wäre denn konkret Ihr Risiko, wenn Sie ab und zu einmal eine sogenannte dumme Frage stellen würden? Vielleicht fällt Ihnen sogar sofort eine ein! Was wäre der mögliche Gewinn dabei? Vielleicht trauen Sie sich auch als Erwachsener zwischendurch wieder zurück in den Zustand des Nicht-Wissens. Und warten dann, welche Fragen daraus erstehen. Oder erlauben sich, nicht alles wissen zu müssen und zu können.

Take-aways aus diesem Kapitel für Ihren Alltag

Frank Behrendt
 Warum es richtig und wichtig ist, Fragen zu stellen, und wie sie einen weiterbringen:

- **Abläufe hinterfragen:** Ich bin oft und gerne in den sozialen Netzwerken unterwegs. Seit die junge Schwedin Greta Thunberg die „Fridays for Future"-Bewegung in Gang gebracht hat, fragen die Schülerrinnen und Schüler in unserem Land mehr denn je. Ihre Fragen sind dabei elementarer Natur, denn es geht um nicht weniger als um ihre Zukunft. Diejenigen, die Antworten geben sollten, vor allem Politiker, haben aus Sicht der Fragenden zu wenige. Auf Facebook, Twitter und Co. hat Greta eine große und vielschichtige Diskussion ausgelöst. Im Fokus steht dabei der Klimaschutz. Kürzlich regte eine junge Frau an, dass doch bitte jeder Business-Traveller sich vorher die Frage stellen möge, ob sein Flug wirklich nötig sei – eine berechtigte Frage im Zeitalter der Digitalisierung, wo nicht jedes Meeting analog stattfinden muss. „Sich die

Frage stellen" bedeutet am Ende, nachzudenken und auch über mögliche Alternativen nachzudenken. Könnte man die Bahn nehmen? Die Besprechung via Skype abhalten? Interessanterweise beantworten sich derartige Fragen manchmal von selbst, wenn nämlich die Airline streikt. Ich persönlich bin jemand, der sehr gerne tradierte Abläufe im Job infrage stellt. Nicht, dass ich sie alle grundsätzlich abschaffen möchte, aber das Hinterfragen hilft dabei, Klarheit zu schaffen. Ist es so richtig, wie wir es machen? Ist der seit Jahren gültige Ablauf noch zeitgemäß? Wollen wir nicht mal was Neues probieren? „Fragen. Bewerten. Entscheiden.", hatte uns ihrerzeit unsere Chefin bei einem großen Waschmittelhersteller ermutigt, wenn es um die Optimierung von Abläufen geht. Überlegen Sie doch mal, welche drei typischen Abläufe und Rituale in Ihrem ganz persönlichen Joballtag hinterfragt werden sollten. Und dann notieren Sie sich die Fragen. Und bei einem der nächsten Teammeetings können Sie die Fragen mal zur Diskussion stellen. Die Antworten werden weiterhelfen. Entweder sie bestätigen, dass der Ist-Zustand von der Mehrheit als positiv erlebt wird, oder es beginnt ein Prozess der Veränderung. Beides ist gut. Erfahrungsgemäß gibt es immer etwas zu optimieren oder zumindest nachzujustieren. Aber ohne eine Frage passiert nichts – und das ist in der Regel kein Fortschritt. Und: Ob der nächste Business-Flug sein muss, dürfen Sie sich auch gerne immer fragen. Wenn Sie die Frage mit „Ja" beantworten, können Sie darüber nachdenken, ob Sie die Reise klimaneutral machen und für den verursachten CO_2-Ausstoß einen Ausgleich schaffen wollen. Ich mache das seit geraumer Zeit so – auch für unsere Urlaubsreisen – und auch Holly hat Freude daran, mit mir den Rechner auf der Plattform www.myclimate.de zu nutzen und mitzuentscheiden, welches Projekt wir unterstützen.

- **Klärung durch Fragen:** Bertold Ulsamer hat zuvor wunderbar beschrieben, wie sich eine Diskussion verhärtet, weil die Beteiligten von unterschiedlichen Definitionen oder Interpretationen eines Sachverhaltes ausgehen. Sein Eingreifen sorgte für eine Deeskalation und einen Waffenstillstand. Nur so kann man schließlich sachlich weiter diskutieren. Jeder von uns kennt Konfliktsituationen und ist ihnen ausgesetzt. Können Sie sich an eine erinnern? Versuchen Sie mal, diese zu rekapitulieren und

7 Hinterfragen, oder: Wer nicht fragt, bleibt dumm

sich an den Moment zu erinnern, als diese eskalierte. Packen Sie sich in den Rucksack hilfreicher Tools für die nächste sich anbahnende Konfliktsituation das Laserschwert der klärenden Fragen ein. Seien Sie die Person, die bei einem Konflikt die Worte und Begriffe hinterfragt. Folgende drei Fragen sind dabei extrem hilfreich und werden von versierten Mediatoren ebenfalls angewendet: „Was meinen Sie eigentlich genau damit?", „Wie sieht das konkret aus?", „Über welche Erfahrungen sind Sie zu dieser Einschätzung gekommen?" Sie werden erleben, wie viele Auseinandersetzungen damit befriedet oder gar überflüssig werden.

- **Azubis fragen lassen:** Ein langjähriger Personalberater erzählte mir einmal vom „ältesten Azubi der Welt". Dessen Aufgabe war, Schwachstellen im Unternehmen herauszufinden, Prozesse zu optimieren, überflüssige Kosten zu vermeiden und Kunden zufriedener zu machen. Das Übliche. Natürlich hätte man eine der typischen Unternehmensberatungen einsetzen können, die dann mit einem Geschwader von smarten Beratern „eingefallen" wäre und die Firma von rechts auf links gedreht hätte. Aber der versierte Unternehmer wollte Unruhe vermeiden und hatte eine andere Idee. Er setzte einen Pensionär ein, der die Firma von früher kannte und der aufgrund seines fortgeschrittenen Alters „unverdächtig" schien. Er wurde als „Pate der Auszubildenden" eingesetzt und ging jede Woche in eine andere Einheit der Firma. Seine Kernaufgabe lautete: Fragen. Und so (hinter-)fragten der „Seniorige" und die jungen Azubis bei den Mitarbeitern alles Mögliche – ohne Scheu und die typische „Das haben wir schon immer so gemacht"-Attitüde. Das Ergebnis war beeindruckend. Weil der nette ältere Ex-Kollege und die unbefangenen Youngster so nett daherkamen, berichteten die Mitarbeiter frank und frei von den Dingen, die nervten und optimiert werden könnten. Eine interne Arbeitsgruppe analysierte sie, erarbeitete Verbesserungsvorschläge und die wurden dann umgesetzt. Der Ex-Mitarbeiter bekam zum Dank eine Reise mit seiner Frau und die Azubis eine Party. Win-win für alle. Vielleicht machen Sie es einmal ähnlich in Ihrem Umfeld. Setzen Sie Azubis, Praktikanten oder Werkstudenten doch mal als „Frage-Füchse" ein. Sie sollen sich einmal ohne Vorbehalte in der Abteilung umsehen und

Fragen stellen – zum Nutzen und Sinn von verschiedenen Tätigkeiten, Prozessen, Abläufen. In einem Teammeeting dürfen sie dann ihre Ergebnisse präsentieren – als ungewöhnliche „Checker-Challenge". Ein Bekannter von mir hat es genauso in seiner Abteilung gemacht und es sind im Anschluss diverse Dinge abgeschafft oder optimiert worden, über die von der Stammbelegschaft niemand mehr nachgedacht hat. Die Fragen der Externen haben den Anstoß gegeben.

- **Ungewöhnliche Fragen stellen:** Es gibt Termine, die sind eigentlich ein einziges Frage- und Antwortspiel, Vorstellungsgespräche zum Beispiel. Nach über 25 Jahren als Führungskraft, in denen ich selbst unzählige Bewerbungsgespräche geführt habe, bekomme ich oft das Feedback von meinen Gesprächspartnern, dass ich „sehr ungewöhnliche Fragen" stellen würde. Als ich mal nachfragte, bekam ich zur Antwort, dass die meisten eher ein Standardprogramm abspulen und Fragen nach den Stationen des Lebenslaufes, zum Markt oder zur suchenden Firma stellen würden. Das hat mich persönlich nie interessiert, denn unsere Firma kannte ich selbst, alle Infos standen zudem auf der Website. Warum sollte man vorhandenes Wissen abfragen? Ebenso das Wiederholen von Stationen im Lebenslauf. Die kannte man schon und wenn etwas unklar war, könnte man gezielt nachfragen. Mich interessierten stattdessen immer die Menschen – wie sie ticken und warum sie so geworden sind, wie sie sind. Mein Lieblingsthema: Kindheit, zum Beispiel die Lieblingshelden der Kindheit. Vor einiger Zeit sprach ich mit einem Bewerber über Star Wars. Die Weltraum-Saga spielte in meiner Kindheit eine Rolle und in seiner auch. Wir haben wunderbar darüber philosophiert, ob es mehr Sinn machen würde, Luke Skywalker oder einen Typen wie Han Solo einzustellen. Ich habe den Bewerber zudem nach seiner schönsten Kindheitserinnerung gefragt. Ein besonderer Moment, der viel Nähe erzeugte und mehr über den Menschen, der vor mir saß, offenbarte, als es jeder noch so schön gepimpte Lebenslauf vermag. Den jungen Mann habe ich eingestellt, weil er neben seinen fachlichen Fähigkeiten auch ein besonderer Mensch war – herausgefunden habe ich das durch die Fragen. Überlegen Sie doch mal beim nächsten Gespräch, das Sie führen, welche besondere Frage Sie stellen können. Mein

7 Hinterfragen, oder: Wer nicht fragt, bleibt dumm

Vater – ein Lehrer – empfahl mir einst die Frage: „Von welchem Lehrer hast du am meisten gelernt?" Spannend. Ich habe mir inzwischen eine „Liste der besonderen Fragen" erstellt, aus der ich je nach Gesprächsverlauf die eine oder andere auswähle. Probieren Sie es mal, die Ergebnisse werden Sie weiterbringen und die Gesprächspartner überraschen – und nur dann wird dieses Gespräch in Erinnerung bleiben.

- **„Wir haben uns gefragt ..."**: Die Großmeister der Fragensteller sind für mich Start-up-Unternehmer. Sie hatten eine Idee und haben sie umgesetzt. Im TV-Format „Die Höhle der Löwen" präsentieren die meist jungen Entrepreneure ihre Businessansätze und werben um Investorengeld. Ein Satz, der immer fällt, ist dabei „Wir haben uns gefragt ..." Innovation entsteht eben aus Fragen. „Könnte man nicht ...?", „Was wäre, wenn wir ...?" So fängt es an und dann machen sie sich ran und überlegen. Sie basteln und entwickeln so lange, bis aus der Antwort zur Frage ein „Ja" wird. Und wenn das Produkt oder die Dienstleistung dann noch ein Problem löst, etwas Bestehendes optimiert oder einfach nur Spaß macht, hat es eine Chance. Ich gehe oft auf Start-up-Veranstaltungen oder „Jugend forscht"-Wettbewerbe, um mich inspirieren zu lassen. Am Münchner Flughafen stieß ich kürzlich auf den Regionalwettbewerb von „Jugend forscht" in Bayern. Schülerinnen und Schüler hatten in einem Konferenzraum ihre Ideen ausgestellt. „Wir haben uns gefragt", erklärte mir ein 12-Jähriger, „wieso an den Rotoren von Windkrafträdern nicht gleichzeitig Sonnenkollektoren angebracht werden". Clever. Sie fertigten Zeichnungen an, rechneten, bauten ein Modell. Nicht nur der Lehrer am Gymnasium Gröbenzell war begeistert. Zwei Start-up-Unternehmer erzählten mir, dass sie mit anderen an lauen Sommerabenden im Park mit ein paar Kaltgetränken immer das „Erfinderspiel" spielen. Dabei hat jeder einen ganz normalen Alltagsgegenstand dabei wie einen Schrubber, ein Kehrblech, ein T-Shirt etc. Die Runde überlegt dann, was man an dem Teil oder für dieses Teil neu erfinden könnte, um es besser, spannender, begehrenswerter zu machen. Sie haben großen Spaß dabei und sehr smarte Ideen, deren Umsetzung sie gerade prüfen. Mehr wollten sie mir leider nicht verraten ... Ausgangspunkt auch hier: eine Frage, „Wie könnte man einen Schrubber cooler machen?" etwa. Vielleicht spielen

Sie dieses Spiel mal mit sich oder einem Kollegen in einer Pause selbst. Und wer weiß, vielleicht kommt aus einer Frage zu einem Alltagsthema/Gegenstand/Ablauf im Büro etwas tolles Neues heraus, was Sie durchaus zur Realisierung weiterentwickeln können. Aber egal, was Sie machen: Nehmen Sie bitte mit, dass es nie verkehrt ist, mehr zu fragen. Denn wie schrieb schon der Schweizer Pfarrer und Schriftsteller Kurt Marti: „Fragen bleiben jung. Antworten altern rasch." Bleiben Sie jung!

Literatur

Breuer I (2015) Kinderwunsch Ethische Probleme der Reproduktionsmedizin, Reproduktionsmedizin, 19.11.2015. https://www.deutschlandfunk.de/kinderwunsch-ethische-probleme-der-reproduktionsmedizin.1148.de.html?dram:article_id=337601. Zugegriffen am 20.05.2019

Dobelli R (2019) Klarer Denken : Warum vermutlich auch Sie Ihr Wissen systematisch überschätzen, 19.09.2010. https://www.faz.net/frankfurter-allgemeine-zeitung/feuilleton/klarer-denken-warum-vermutlich-auch-sie-ihr-wissen-systematisch-ueberschaetzen-von-rolf-dobelli-11042062.html. Zugegriffen am 25.05.2019

Heinrich-Szentgyörgyi E (17. April 2019) Was mein Leben reicher macht. DIE ZEIT, Nr. 17, S 58

Nikola U (2018) Kinder zeugen ohne Sex. Möglichkeiten und Grenzen der Reproduktionsmedizin (Stand 09.01.2018). https://www.br.de/radio/bayern2/uniklinik-erlangen-moeglichkeiten-und-grenzen-der-reproduktionsmedizin-100.html. Zugegriffen am 31.05.2019

Stark M (21. Feb. 2019) Die Bildung der Anderen. Die ZEIT, Nr. 9, S 61

Ulsamer B. (2018) Allow yourself to feel (occasionally) stupid! A new way to freedom, veröffentlicht 28.12.2018 als Internetkurs bei udemy.com. Zugegriffen am 12.07.2019

8
Kraft aus Vergangenem, oder: Opa Hans grillt im Himmel

Abschied und Verlust schmerzen, Blockaden behindern das Weiterkommen. Es gibt kreative Wege, Vergangenes ins Leben zu integrieren und aus familiären Wurzeln Kraft zu schöpfen.

Frank Behrendt
Wenn wir in den Urlaub fliegen, bleibt einer traditionell zurück: ein abgegriffener, brauner, zotteliger Steiff-Bär aus den 1970er-Jahren. Meine Frau hat den kuscheligen Freund als kleines Mädchen von ihrem Vater geschenkt bekommen, als sie nach einer Operation im Krankenhaus lag. Er hat ihr damals Trost gespendet und sie hat ihn auch als Erwachsene stets wie einen Schatz gehütet. Als sie selbst Mutter einer kleinen Tochter wurde, hat sie den kleinen Bären weitergegeben, an Holly.

Elektronisches Zusatzmaterial Die elektronische Version dieses Kapitels enthält Zusatzmaterial, das berechtigten Benutzern zur Verfügung steht https://doi.org/10.1007/978-3-658-27935-6_8. Die Videos lassen sich mit Hilfe der SN More Media App abspielen, wenn Sie die gekennzeichneten Abbildungen mit der App scannen.

Leider hat ihr Großvater Hans Hollys Geburt nicht mehr erlebt. Ihren Bruder Josh hat er noch sehr intensiv in seinen ersten Lebensjahren begleitet, war sogar mit dem kleinen Enkel im Urlaub in Griechenland. Die Filmaufnahmen, wie der braungebrannte Großvater seinen winzigen Enkelsohn in einem gelben aufblasbaren Schwimmring durch den Pool schiebt, sind legendär. Der alte Bär bekam, kaum dass Holly sprechen konnte, den Namen „Opa-Hans-Bär". Er wurde zu ihrem liebsten Einschlafhelfer. Ihr Bruder schleppte seit frühester Kindheit einen grünen Frosch mit langen baumelnden Armen und Beinen mit sich herum. Aus einem unerfindlichen Grund wurde er „Philipp" genannt. Weil uns die Angst aller Eltern umtrieb, dass „Philipp" einmal verloren gehen könnte, kauften wir sicherheitshalber ein Ersatzexemplar. Der „Opa-Hans-Bär" wurde dagegen vom Hersteller nicht mehr angeboten, ein Ersatzbär wäre sofort als ein nicht-echter Kuschelfreund entlarvt worden. Deshalb durfte er nicht mit in den Urlaub, denn ein Verschwinden auf Reisen wäre ein nicht zu ersetzender Verlust gewesen. Stattdessen darf Holly in den Ferien stets den Zweit-Philipp ihres Bruders nutzen. Der ist zum Glück immer noch im Programm des Herstellers und könnte im Notfall per Amazon Prime blitzartig ersetzt werden. „Der Opa-Hans-Bär passt zu Hause auf mein Zimmer auf, wenn ich nicht da bin", erklärt Holly bei jeder Reise. Wenn sie zurückkommt, sitzt er wie immer treu auf ihrem Bett. „Auf den Opa-Hans-Bär ist eben Verlass", sagt sie dann.

Wie man mit Verlusten umgeht und selbst den Geist von Verstorbenen als positives Mantra fürs Berufsleben nutzt, davon handelt dieses Kapitel. Holly verknüpft dazu beispielsweise bestimmte Bilder und Begriffe mit ihren Opas. Wenn sie einen Sonnenuntergang sieht, bei dem der Himmel glutrot leuchtet, steht für Holly fest: „Opa Hans grillt wieder im Himmel." Ihr Großvater, ein gelernter Metzger,

8 Kraft aus Vergangenem, oder: Opa Hans grillt ...

liebte zu Lebzeiten Fleisch. Immer wenn er kam, hatte der Kölsche Jung ein „juutes Filet" dabei, das dann am heimischen modernen Lagerfeuer zubereitet wurde.

Auch ihr anderer verstorbener „Großvater Piet", mein Vater, ist weiterhin sehr präsent. Ihn hat sie noch erlebt und sich viele seiner kreativen Begriffe eingeprägt. Wenn es unordentlich im Zimmer aussah, dann entfuhr ihm ein „Meine Güte, hier sieht es ja aus wie bei den Hottentotten". Als eine Freundin meiner Frau dieses Wort kürzlich überraschend benutzte, um sich über das Chaos im Zimmer ihres Sohnes aufzuregen, sprang Holly begeistert auf und rief: „Die kennt der Großvater Piet sehr gut." Ein weiterer kreativer Begriff meines Vaters beschrieb einen notorisch schlechtgelaunten Zeitgenossen. Er sprach dann von einem „richtigen Piesepampel". Wenn Holly sich über ihren Bruder mal wieder richtig aufregt, wird die Höchststrafe verhängt: Zimmerverbot. Dazu schreibt sie dann mit ihrer Krakelschrift einen Zettel, auf dem in fetten Lettern steht: „Eintritt für Joshi sehr verboten." Wie Geschwister so sind, machen sie sich einen Spaß daraus, derartige Verbote konsequent zu missachten. Als nächste Eskalationsstufe nach Übertreten der Zimmergrenze erhebt Holly dann regelmäßig die Stimme und ruft „Verschwinde, du fieser Piesepampel". Ich bin sicher, Großvater Piet wird sich dabei im Himmel ein breites Grinsen nicht verkneifen können.

Bertold Ulsamer
Opa-Hans-Bär und Großvater Piet sind für Holly Teil ihres Lebens. Obwohl beide schon verstorben sind, hat sie eine unmittelbare, unschuldige Verbindung mit ihnen. So kommt Opa Hans ihr ganz nahe durch den Kuschelbär, den schon die eigene Mutter von ihm bekommen hat. Der Opa-Hans-Bär tröstet und passt auf. Er vermittelt als verlässlicher Anker das Gefühl der Geborgenheit. Was können

nun all diejenigen daraus lernen, die keine Kuschelbären als gute Erinnerung an liebe Familienmitglieder mit sich herumtragen? Familie kann eine so große Unterstützung sein. Nur was machen diejenigen, die eine lauwarme, eine abgekühlte oder sogar eine feindselige Beziehung mit den eigenen Eltern oder der eigenen Familie haben?

Nach NLP ist das Thema Familie in den letzten 25 Jahren zu dem Schwerpunkt meiner Arbeit geworden. Damals fingen die „Familienaufstellungen" an, Furore zu machen. Für diejenigen unter Ihnen, denen das Wort nichts sagt: Eine Familienaufstellung ist eine Art Live-Rollenspiel mit Stellvertretern der wichtigsten Familienmitglieder. Die Stellvertreter bekommen vom Klienten einen Platz im Raum zugewiesen, sie werden „aufgestellt". Sie sehen sich gegenseitig von ihren Plätzen aus an und spüren, wie es ihnen dabei geht. Dabei spiegeln sie erstaunlicherweise tatsächliche Beziehungen der Familienmitglieder wider, selbst ohne vorher ausdrücklich davon gehört zu haben. Immer wieder kommen erstaunliche und überraschende Zusammenhänge ans Licht. Wenn Sie das hören und daran zweifeln, kann ich das gut nachvollziehen. So ging es mir auch, bevor ich erlebt habe, dass es so wirkt. Durch Interventionen des Leiters werden Wege zur Verständigung untereinander gezeigt. Es ist eine sehr kraftvolle und verblüffende Methode, die mich schnell in ihren Bann zog. Durch meine Seminare und Trainings bin ich damit durch viele Länder und Kontinente gekommen, von Russland über Südafrika bis nach China. Überall konnte ich feststellen, dass die Beziehungen in Familien und die guten Schritte zu tieferer Verbindung und zu mehr Eigenständigkeit ähnlich sind.

Komprimiert will ich Ihnen hier wesentliche Einsichten aus dieser Methode vermitteln, die ich ausführlicher in zehn Büchern (s. Literaturverzeichnis) dargestellt habe und die in mehr als zehn Sprachen übersetzt wurden. Und bitte nicht vergessen, wie bei allem, was ich hier schreibe: Auch, wenn ich meine Erkenntnisse als allgemeingültig darstelle, weiß ich gleichzeitig, dass es immer auch Ausnahmen gibt. Zudem ist das Leben vielschichtig und komplex und ich greife hier nur einen einzigen Aspekt auf. Nehmen Sie also das, was Sie anspricht. Aber schauen Sie auch genauer hin, wenn Sie einen heftigen Widerstand gegen eine Behauptung spüren. Das ist manchmal ein Zeichen, dass die Aussage doch eine Bedeutung für Sie hat. Und den Rest lassen Sie als unwichtig beiseite.

Die Kraft der Wurzeln – in Frieden mit den eigenen Eltern sein

Die Beziehung zu der eigenen Familie und damit zu den eigenen Wurzeln ist eine der großen Kraftquellen überhaupt. Wenn die Quelle verschüttet ist, insbesondere die Beziehung mit den Eltern, bindet das viel der eigenen Kraft. Wenn sie freigelegt wird, fließt Energie, Kraft und Lebensmut wie von allein.

Jeder hat seine eigene Haltung dem Leben gegenüber, die sich bei manchen in Frustration ausdrückt, bei anderen in Gier, bei wieder anderen in Dankbarkeit und so weiter. Meine Beobachtung ist, dass die jeweilige Haltung etwas von der frühen Beziehung zu den Eltern reflektiert. Deswegen ist ein spannender Weg, um eine positivere Lebenseinstellung zu finden, eine (noch) positivere Haltung zu den Eltern zu finden.

Das eigene Leben ist aus der Verbindung der väterlichen Samenzelle und der mütterlichen Eizelle entstanden. Selbst wenn jemand bei anderen Menschen aufwächst, bleibt das die elementare Ausgangsbeziehung. Dazu kommt: Wenn jemand bei seinen Eltern groß wird, dann erlebt die Tochter an der Mutter, was Frausein ausmacht, genauso wie der Sohn das Männliche über den Vater erfährt. Spannungen zu dem gleichgeschlechtlichen Elternteil wirken sich auf das eigene Selbstgefühl aus. Und auch die Spannungen zwischen den Eltern beeinflussen stark die Kinder.

Wie sieht nun ein erwachsenes, geklärtes Verhältnis von erwachsenen Kindern zu ihren Eltern aus? Von dem Systemiker Klaus Mücke habe ich gehört, dass ein Kind dieses Reifestadium noch nicht erreicht hat, wenn es eine der vier folgenden Verhaltensmuster zeigt:

- wenn es all das tut, was die Eltern von ihm wollen oder wollten,
- wenn es genau das Gegenteil davon tut,
- wenn es den Kontakt abbricht,
- wenn es immer noch die Erwartung oder Hoffnung hat, dass die Eltern sich ändern.

Man kann in jeder Phase hängen bleiben, aber der letzte Punkt gilt noch für viele. Wenn ich ihn in einem Seminar erwähne, lachen die meisten und fühlen sich ein wenig ertappt. Da versteckt sich in irgendeinem Winkel des Herzens immer noch die heimliche Sehnsucht nach etwas, was als Kind immer vermisst worden ist, sei es Anerkennung, Zärtlichkeit oder eine Entschuldigung. Wer wirklich erwachsen wird, lässt diese kindlichen Sehnsüchte los und schätzt das Verhältnis zu den Eltern so, wie es ist – mit all den Einschränkungen und Begrenzungen. Je entspannter jemand hier wird, desto größer ist auch der eigene Seelenfrieden.

Sie, liebe Leserin oder lieber Leser, sind vielleicht selber Eltern, deshalb auch ein paar Sätze zum Elternsein. Heute ist das schwieriger als früher, denn moderne Eltern sind verunsichert, was richtig ist. Sie wollen das Beste für Ihre

Kinder und sehen das oft in deren Freiheit, Autonomie und Selbstverwirklichung. Gleichzeitig brauchen Kinder Halt und Sicherheit. Wie dem eigenen Kind beides geben? Meine Erfahrung ist: Je mehr jemand in Frieden mit den eigenen Eltern ist, desto klarer kann er eine gute mütterliche oder väterliche Rolle seinem Kind gegenüber einnehmen. Im Grunde ist also die persönliche Auseinandersetzung mit Ihren eigenen Eltern das Beste, was Sie für Ihr eigenes Kind tun können. Auch bei vielen beruflichen Themen entdecken wir im Hintergrund die Beziehung zu den Eltern.

Die Fähigkeit zu führen[1]

Dieses Thema füllt in seiner Vielschichtigkeit Bücherregale. Hier folgen Aspekte, die mit der Familie zu tun haben: Denken Sie einmal zurück an Ihre Schulzeit und die einzelnen Lehrer. Wer davon war eine gute Führungskraft? Und wer nicht? Ließ sich das allein am Verhalten festmachen? Kaum. Kinder spüren die feinen Unterschiede zwischen echter und aufgesetzter Autorität. Sie reagieren direkt und unmittelbar darauf. Da gab es den einen Lehrer, der seine Klasse allein durch sein Mienenspiel im Griff hatte. Und dann gab es den anderen, der trotz seines Versuchs, autoritär aufzutreten, von keinem ernst genommen wurde. Er konnte schreien und drohen – und erntete nur Verachtung. Kinder in der Schule reagieren direkter und unverhüllter als Erwachsene. Ihre Reaktionen sind ein schonungsloses, manchmal sogar grausames Feedback. Aber es ist ehrlich.

Mitarbeiter reagieren genauso sensibel. Natürlich ist diese Rückmeldung nicht so unverhüllt wie in der Schule,

---

[1] Teile aus den folgenden Abschnitten in diesem Kapitel sind erschienen in Ulsamer 2009: Die Fähigkeit zu führen (Ulsamer (2009) S. 45–62), Schwierigkeiten mit Autoritäten (Ulsamer (2009) S. 45–62), Selbstsabotage des beruflichen Erfolgs (Ulsamer (2009) S. 23–449).

weil Erwachsene am Arbeitsplatz vorsichtiger sind als die Schüler im Klassenzimmer. Und natürlich bestimmen noch viele andere Faktoren das Klima am Arbeitsplatz und das Ergebnis mit. Aber das Feedback zu den Führungsqualitäten des Vorgesetzten sind die Leistungsbereitschaft und der Einsatz der Mitarbeiter. Dieses Feedback ist genauso ehrlich wie das damals in der Schule. Und Mitarbeiter lassen einen Vorgesetzten, den sie nicht für voll nehmen, genauso auflaufen – womöglich etwas versteckter.

Erfolgreiches Führen braucht eine unaufgeregte, selbstverständliche Autorität. Diese hat vier wesentliche Voraussetzungen. Die ersten drei Bedingungen hängen unmittelbar mit den Erfahrungen mit der Familie und Kindheit zusammen. Es sind „Führungs-Kraft", die positive Einstellung gegenüber Menschen und der sachliche Blick auf die eigene Aufgabe. Führen hat etwas mit Stärke zu tun. Wer schwach ist, kann nicht führen. Je mehr jemand in Kontakt mit der eigenen Kraft ist, desto leichter fällt es ihm, als „Führungs-Kraft" zu führen. Sie kommt ursprünglich „aus dem Bauch" und wirkt dann nicht aufgesetzt, sondern natürlich.

In der heutigen Zeit steckt der junge Spezialist in seinem Sachgebiet den Vorgesetzten jederzeit wissensmäßig in die Tasche. Das reine Pochen auf Autorität hat da wenig Durchsetzungskraft. Oft wirkt es sich fatal aus. Die heutigen Mitarbeiter brauchen Freiräume und Eigenverantwortung. Vorgesetzte brauchen die innere Stärke, ihnen diesen Raum zu geben. Wer ein gutes, geklärtes Verhältnis zu den ersten Autoritäten in seinem Leben hat, tut sich leicht, diese gelassene Führungs-Kraft zu entwickeln. Dabei ist für einen Mann insbesondere das Verhältnis zum Vater wichtig. Wer das Verhältnis zu seinem Vater klärt und mit ihm im Reinen ist, stärkt so seine Führungsfähigkeit. Weibliche Führungskräfte stützen sich ebenfalls auf die in ihrer Familie erlebte Autorität. Wenn die Mutter zum Beispiel Unternehmerin

8 Kraft aus Vergangenem, oder: Opa Hans grillt ...

war, hat es die Tochter leicht, ähnliche berufliche Fähigkeiten auch in sich zu entwickeln. Solange in einer Familie noch kein weibliches Rollenvorbild für berufliche Karriere existiert, kann sich die Tochter an dieser Stelle nur am Vater orientieren. Dann ist es besonders wichtig, dass sie auch im Frieden mit der Mutter ist, denn sonst bleibt eine innere, ungelöste Spannung.

Als zweiten Punkt braucht jemand, der dauerhaft erfolgreich Mitarbeiter führen will, eine positive Grundhaltung zu Menschen. Das ist ein grundsätzliches Vertrauen zu Menschen. Ein Ausdruck davon ist eine gewisse Fürsorge dem einzelnen Mitarbeiter gegenüber. Man weiß, dass Mitarbeiter sich engagieren, wenn sie sich gesehen und unterstützt fühlen. Bisweilen erzielt jemand kurzfristig mit Druck und mit Angst große Erfolge. Langfristig wird aber der Erfolg unterminiert, denn auf Dauer verlieren diese Mitarbeiter Loyalität, freiwilliges Engagement und Kreativität. Aber darauf ist heute langfristig der geizigste Discounter genauso wie ein modernes Riesenunternehmen angewiesen. Gerade bei Change-Management-Prozessen unterstützt diese positive Haltung enorm.

Die Erfahrungen in der frühen Kindheit entscheiden mit, ob jemand Menschen grundsätzlich vertraut oder misstraut und ob er später freundlich oder unfreundlich zu anderen ist. Schlechte Erfahrungen in der Kindheit sorgen erst einmal für instinktives Misstrauen. Auch hier kann der Blick zurück und die Klärung der alten Gefühle nachträglich heilen. Frühe Entscheidungen wie „Man darf niemandem wirklich trauen" können so heute mit erwachsenen Augen angeschaut und revidiert werden. Wer dann vorsichtig mehr Risiken eingeht, so neue Erfahrungen macht und aus ihnen lernt, wird eine positivere Haltung zu Mitmenschen gewinnen.

Als Drittes kann jemand, der Verantwortung trägt, nicht nur auf die Mitarbeiter schauen, sondern muss auch die Aufgabe im Blick haben. Daraus erwächst auch ein gewisser sachlicher Abstand zu den Mitarbeitern. In einem Unternehmen arbeiten Erwachsene zusammen, um ein Ergebnis zu erzielen. Die eigenen persönlichen Bedürfnisse nach Anerkennung und Bedeutung treten demgegenüber in den Hintergrund. Wer unbedingt gemocht werden will, kann schlecht führen. Auch der Ehrgeiz ist zwar ein natürlicher menschlicher Antrieb, um Großes zu leisten. Wenn allerdings der eigene Status die wichtigste Triebfeder ist, dann fehlt etwas Entscheidendes. Um Zukunft gestalten zu können, muss sich jemand auch in den Dienst einer Sache, einer Idee oder eines übergreifenden gemeinsamen Zieles stellen können.

Inwieweit hat das mit dem familiären Hintergrund zu tun? Wenn die Eltern wenig geben konnten, springen die Kinder in die Bresche und werden früh groß oder benehmen sich so. Dann haben sie später einen Nachholbedarf, gemocht und anerkannt zu werden. Gleichzeitig übernimmt jemand mit dieser Prägung immer wieder zu viel Verantwortung und reibt sich damit auf – eine häufige Voraussetzung des Burnouts.

Der Blick zu den Ursachen hilft, um zu einer nachträglichen Versöhnung mit der Vergangenheit zu kommen. Das Kind muss innerlich die alte Last der frühen Verantwortung wieder loslassen und den Eltern zurückgeben. Natürlich ist die Kindheit schon lange vorbei. Was geschehen ist, ist geschehen. Und trotzdem befreit solch ein innerer Schritt auch nachträglich. Es ist so, als ob jemand einen schweren Stein lange seit der Kindheit mit sich herumgetragen hat. Jetzt ist der Zeitpunkt gekommen, ihn wieder – mit Achtung – den Eltern symbolisch vor die Füße zu legen. Damit schrumpft man gleichzeitig ein Stück auf die richtige Größe. Damit wird auch die berufliche Rolle klarer und leichter.

Schließlich – damit wir nicht nur von Familie sprechen – steht als Viertes fachliche Kompetenz am Anfang und am Ende der Rolle. Die fachliche Kompetenz der modernen Führungskraft besteht oft darin, wesentliche Zusammenhänge eines Sachgebiets schnell zu erfassen und den Überblick zu bekommen. Daraus entwickelt sie Ziele, die sie flexibel handhabt. Sie versteht es, das Wissen der Mitarbeiter zu nutzen und deren Engagement hervorzulocken und zu stärken. So findet sie das richtige Maß, auf der einen Seite Aufgaben und Verantwortung zu delegieren und auf der anderen Seite die notwendigen Impulse zu setzen.

Schwierigkeiten mit Autoritäten

Führungs-Kraft und die Einstellung gegenüber Autoritäten sind miteinander verzahnt. Wer Schwierigkeiten in dem einen Bereich hat, wird sie auch im anderen haben. Wer dauerhaft Schwierigkeiten mit unterschiedlichen Autoritäten hat, bringt diese Schwierigkeiten aus der Kindheit mit. Die ersten Autoritäten im Leben eines Kindes sind diejenigen, die es aufziehen, im Regelfall die Eltern. In den Einstellungen gegenüber Autoritäten spiegelt sich etwas von der ursprünglichen Einstellung wider. Dabei werden gegenüber männlichen Autoritäten am schnellsten die Gefühle gegenüber dem Vater wach, bei weiblichen Autoritäten taucht dann die Mutter auf.

Da ist eine Mitarbeiterin Autoritäten gegenüber äußerst kritisch eingestellt. Sie entdeckt sehr schnell deren Schwächen und Fehler. Dann empfindet sie einen Vorgesetzten als unfähig und sich selbst im Gegenzug als überlegen. Eigentlich wüsste sie es besser oder könnte es besser machen als er – wenn man sie nur ließe. Das lässt sie auch durchblicken. Kein Wunder, dass es zu Konflikten kommt! Wer also häufig bei seinen Chefs aneckt, muss nur in die Kindheit schauen, um dort die Quelle seiner aktuellen Einstellungen zu entdecken. Hier wurzeln ursprüngliche Gefühle von Zuneigung, Ärger, Enttäuschung und Angst. Diese kindliche Seite funkt zwischen ein abgeklärtes und erwachsenes Verhältnis zum eigenen Vorgesetzten. Auf den Punkt gebracht: Ab und zu verwechselt jeder seinen Chef mit seinem Vater.

Es ist ein Grundthema, das die meisten Menschen verbindet. Die Haltung gegenüber Vorgesetzten zeigt mit dem Vergrößerungsglas betrachtet ungeklärte Themen auf, die aus der Kindheit kommen. Denn wenn sich Schwierigkeiten mit Autoritäten wie ein roter Faden durch ein gesamtes Berufsleben ziehen, dann ist es unwahrscheinlich, dass allein die Unfähigkeit der Vorgesetzten daran schuld ist. Es liegt also eine Verwechslung vor. Der Vorgesetzte wird ein Stück weit mit Autoritäten aus der Kindheit verwechselt. Der erste Blick wird immer zu den Eltern gehen. Manchmal sind es aber auch Lehrer, die eine große Bedeutung für Kinder hatten. Oder es taucht ein Großvater, Onkel oder Nachbar auf. Es ist so, als ob sich zwei Bilder überlappen. Da ist dann das Bild der Mutter über das der Chefin gerutscht. Und der Mitarbeiter benimmt sich dann nicht mehr als gleichwertiger Erwachsener, sondern rutscht in seine Kindergefühle hinein.

Um das zu ändern, muss jemand die zwei Bilder wieder voneinander trennen. Manchmal ist es hilfreich, sich tatsächlich den Vater und den Chef in zwei Bildern nebeneinander mit einigem Abstand vorzustellen. Dann schaut man ein paar Mal hin und her zwischen den beiden, um Unterschiede und Gemeinsamkeiten zu entdecken. Beim Blick auf den Vater dürfen alle kindlichen Gefühle da sein, die noch in der Tiefe schlummern, seien es Angst, Enttäuschung, Schmerz, Ärger oder Liebe. Jeder trägt noch solche Gefühle mit sich herum, ob er sie nun will oder nicht. Sie zu spüren und anzunehmen, befreit. Sie hören dann allmählich auf, in unpassenden Situationen dazwischen zu funken.

Wer dann anschließend zum Bild des Vorgesetzten schaut, der sieht ihn mit neuen Augen. Er hat die „Vaterbrille" abgenommen, die bisher die klare Sicht auf seinen Vorgesetzten versperrt hat. Damit hören die Verwechslungen auf. Der Vorgesetzte wird jetzt zum normalen, ebenbürtigen Mitmenschen mit all den dazugehörigen Stärken und Schwächen und mit seiner beruflichen Rolle und Aufgabe – mehr nicht. Diesem Menschen kann man jetzt entspannt und sachlich auf Augenhöhe begegnen.

Manchmal genügt es nicht, die Verwechslung zu erkennen. Trotz dieses Wissens tauchen alte Gefühle immer wieder störend auf. Die Altlast aus der ungeklärten Vater- oder Mutterbeziehung ist noch zu groß. Dann führt der Weg zur Lösung über die Klärung der Beziehung mithilfe einer Beratung oder Therapie.

Selbstsabotage des beruflichen Erfolgs

Die meisten streben nach beruflichem Erfolg. Doch die persönlichen Bemühungen sind nur eine Seite. Wer sich genauer unter Kollegen umschaut, entdeckt Widersprüche. Da gibt es den einen, der trotz unstrittig vorhandenen Fähigkeiten nicht die entsprechenden Resultate erzielt. Irgendetwas läuft immer wieder schief. Ein anderer bringt streckenweise einen enormen Einsatz, tritt mächtig aufs Gas – und blockiert sich doch gleichzeitig an anderer Stelle, als ob er eine geheime Handbremse angezogen hätte. Die bremst dann – da kann der Motor noch so laut heulen. Der dritte zeigt Reaktionen und Verhaltensweisen, die die angestrebten Ziele eher verhindern als fördern. Oder jemand erreicht den angestrebten Erfolg. Und dann kann er sich nicht wirklich an ihm erfreuen und ihn genießen. Ich nenne all das Selbstsabotage. Woher kommt die? Hat da jemand selbstzerstörerische Neigungen? Oder mangelt es im Grunde doch am nötigen Selbstvertrauen? Fehlt vielleicht einfach der erforderliche „Drive"?

Wer nur die Oberfläche sieht, wird durch die Widersprüche verwirrt. Im Untergrund gibt es aber Gesetzmäßigkeiten, nach denen solches Verhalten Sinn macht. Bezieht man den familiären Hintergrund mit ein, fällt es einem oft wie Schuppen von den Augen. Das Verständnis weitet sich, denn das unverständliche Verhalten folgt inneren Regeln. Das Wissen um diese Regeln war auch früher intuitiv ein Stück weit da. Große Dichter haben sie in ihren Romanen erfasst. Klassische griechische Tragödien beruhen auf ihnen. Heute scheint die Zeit reif, die Gesetzmäßigkeiten ans Licht zu bringen und klarer und eindeutiger zu formulieren.

Zunächst ein Beispiel aus der Praxis: Über einige Jahre hinweg führte ich mit einer kleinen Gruppe von Teilnehmern regelmäßig NLP-Seminare zur Erreichung der jeweiligen beruflichen Ziele durch. Eine Teilnehmerin war Ärztin. Ihr Ziel war es gewesen, die Kassenzulassung zurückzugeben und in freier Praxis mit Naturheilkunde zu arbeiten. Im letzten dieser Seminare berichtete sie verstört: „Alle Ziele, die ich visualisiert habe, habe ich inzwischen erreicht. Ich habe sogar genau solche schönen Praxisräume gefunden, wie ich sie mir ausgemalt hatte. Meine Kassenzulassung habe ich vor zwei Monaten zurückgegeben. Also jetzt könnte ich endlich in die erträumte Arbeit durchstarten. Aber es geht nicht. Ich weiß, ich muss jetzt mehr an die Öffentlichkeit gehen, Vorträge halten und mich mit Kollegen vernetzen. Aber ich fühle mich völlig ausgebremst. Ich wache früh ohne jeden Antrieb auf und bekomme nicht das Geringste auf die Reihe!"

Auch ich war geschockt über diese unverständliche Blockade. Zum Glück war das zu der Zeit, als ich gerade der Arbeit mit Familienaufstellungen begegnet war. Ein zentrales Thema ist dort die Loyalität innerhalb einer Familie. Einfach gesagt: Kinder sind dem Unglück ihrer Familie treu. Oder noch konkreter: Sie teilen das Verhalten, die Gefühle und die Traumata von früheren Mitgliedern der Familie. Das können die Eltern sein, aber auch Onkel und Tanten, Großeltern, Urgroßeltern und so weiter. Ja, man muss jemanden nicht einmal persönlich kennen oder von seiner Existenz wissen, um möglicherweise mit seinem Schicksal verbunden zu sein.

War das ein Ansatzpunkt für meine Teilnehmerin? Ich erzählte ihr kurz von dieser Loyalität und fragte sie, ob ihr dazu jemand in ihrer Familie einfalle, der ebenfalls beruflich blockiert gewesen sei. Sie nickte sofort. Ja, da gab es den einen Großvater, der im Krieg alles verlor und danach nicht mehr beruflich auf die Beine kam, sondern als Vertreter durch die Lande tingelte, eine Schande für die restliche Familie. Nur die kleine Enkelin hatte Mitgefühl und ihn in ihr Herz geschlossen. „Wenn du beruflich scheiterst", fragte ich, „dann wärst du ihm eigentlich treu, nicht wahr? Und wenn du jetzt erfolgreich wärst, dann würdest du ihn auf eine bestimmte Weise verraten und im Stich lassen?" Dem stimmte sie sofort zu.

Macht das auch Sinn für Sie? Die moderne Auffassung ist ja, dass jeder selbstverantwortlich sein Leben in der Hand hat. „Jeder ist seines Glückes Schmied!" Aber das ist nicht die ganze Wahrheit, sondern oft nur eine Illusion. In der Tiefe nimmt diese Loyalität in der Familie Einfluss auf alle wichtigen Entscheidungen im Leben, bestimmt viel von der Art der eigenen Lebensführung, wirkt in Liebesbeziehungen und eben auch bei dem beruflichen Erfolg – ganz gleich, wie es an der Oberfläche aussieht.

Der Boden dieser Verbindung ist eine frühe und sehr archaische Liebe. Man stelle sich ein neugeborenes Kind vor, das in den ersten Lebenswochen in den Armen der Eltern liegt. Das Kind ist noch ganz und gar offen und schwingt mit jedem Gefühl des Gegenübers mit. Ein Neugeborenes hat noch nicht die Schutzmauern errichtet, mit denen das Kind und der Heranwachsende sich später abgrenzen. Und ein Baby ist sehr liebevoll. So nimmt es alles auf, was es von seinen Eltern und seiner Umwelt spürt. Wenn es den Menschen, die um es herum sind, ähnlich ist, dann gehört es dazu. Wenn deshalb Mutter und Vater unglücklich sind, wenn eine Atmosphäre von Unglück in der Familie vorhanden ist, dann übernimmt das Kind diese auch ein Stück weit. Wer gleich ist, gehört dazu. Und danach sehnt sich das Kind. Später legt sich dann durch die Enttäuschungen, die nicht ausbleiben können, eine Schutzschicht über die ursprüngliche, rückhaltlose Zuneigung. Das Kind verschließt sich ein Stück weit. Darunter leben aber nach wie vor auch die ursprünglichen Gefühle weiter.

Angenommen, meine Beschreibung ist nachvollziehbar für Sie, dann kommt automatisch die nächste Frage: Muss deshalb unsere Ärztin resignieren und aufgeben, ihren beruflichen Traum zu verwirklichen? Weil die alte Loyalität stärker ist als ihre gegenwärtigen Wünsche? Nein. Es gibt Schritte, die zu einer erwachseneren, reiferen Form von Liebe und Verbindung führen. Nachdem die Ärztin die Verbundenheit gespürt und bejaht hatte, war meine nächste Frage: „Wenn du dir deinen Opa vorstellst, der jetzt mitbekommt, wie du ihm treu bist und dafür sogar deinen Erfolg opferst – glaubst du, dass ihm das recht ist?" Da musste sie den Kopf schütteln. Denn ein Großvater will das Beste für seine Enkel und nicht, dass das Unglück seines Lebens durch sie weitergeht.

Als Nächstes lud ich sie dann ein, sich den Opa noch einmal vorzustellen und ihm liebevoll zu sagen: „Ich achte dich und das Schlimme, was du mitgemacht hast, und lasse es bei dir und deinem Leben." Als sie diesen Satz durch eine innere Verneigung begleitete, entwickelte er eine noch größere Kraft. Jetzt konnte sie entspannt zum Opa schauen, ihre und seine Liebe spüren. Und vier Wochen später bekam ich eine Nachricht, dass die Blockade sich aufgelöst hatte und sie jetzt tatkräftig am Aufbau ihrer Praxis arbeitete.

Damit sich also die Verbindungen im Unglück lösen, ist es notwendig, zunächst in Kontakt mit der ursprünglichen Zuneigung zu kommen. Dann darf jemand auch die Liebe spüren, die von Vorfahren zu Nachkommen fließt. Schließlich wird jemand dann das Schlimme mit Achtung dort lassen, wo es hingehört. Das trennt und befreit.

Abschied nehmen

Das war jetzt, angeregt durch Holly und ihre Opas, ein langer Ausflug zum Thema Familie. Der Tod der Großväter war ein schwerer Verlust und doch leben sie ein Stück weiter in der Familie.

Wie nimmt man überhaupt Abschied? Ich erinnere mich an ein Coaching mit Frank Behrendt, der damals sein altes Unternehmen verließ und sich auf die neuen Herausforderungen freute. Ich hatte ein kleines Figürchen, das ihn symbolisierte und das er auf den Tisch vor sich stellte. Es schaute enthusiastisch in Richtung Zukunft. Irgendwann drehte ich die Figur um, sodass sie zurückschaute. Plötzlich kam auch die Trauer über den Verlust der vielen guten

Beziehungen und der vertrauten Arbeit hoch. Trauer und Abschied gehören zum Leben. Deswegen ist es wichtig, sich diese Gefühle zu erlauben! Jeder Verlust ist schmerzhaft. Gerade der Tod eines lieben Menschen lässt die Überlebenden traurig zurück. Wer diesen Gefühlen Raum gibt, der kann nach einer Weile wieder kraftvoll in die Zukunft gehen und sich dem Leben zuwenden.

In meiner Arbeit nutze ich manchmal einen Satz nach dem Weggang oder Tod einer Person: Sie stellen sich diese Person vor und sagen ihr dann: „Ich gebe dir einen Platz in meinem Herzen." Das ist sehr tröstlich, Sie können das probieren. Aus der Trauer heraus darf sich die Dankbarkeit entfalten für das, was gewesen ist. Konfuzius drückt es am schönsten aus: „Leuchtende Tage. Nicht weinen, dass sie vorüber. Lächeln, dass sie gewesen."

Take-aways aus diesem Kapitel für Ihren Alltag

Frank Behrendt
  Was Sie tun können, um aus der Vergangenheit Kraft zu schöpfen:

- **Berufsgeschichte der Familie betrachten:** Sie haben es im Kapitel gelesen: Wenn es um den Beruf geht, dann ist die familiäre Geschichte der Berufsleben von Bedeutung. Dabei ist es gar nicht entscheidend, dass man in die Fußstapfen seiner Eltern tritt, wie es oft in der Tradition von Familienunternehmen vorkommt. Es gibt immer wieder spannende Muster, die es zu entdecken gibt, wenn man auf eine berufliche Entdeckungsreise in der Familie geht. Ich hörte kürzlich einen Podcast in der Reihe „Andersmacher". Dort interviewt der Berater Dr. Aaron Brückner Persönlichkeiten, die ihren Weg nicht so stromlinienförmig gegangen sind, sondern eher auf Umwegen zum Erfolg kamen. Zu Gast in der hörenswerten Reihe war Benedikt Böckenförde, der Gründer von „Visual Statements", einem digitalen Poesiealbum der Neuzeit. Mit smarten Sprüchen und entsprechender Gestaltung er-

8 Kraft aus Vergangenem, oder: Opa Hans grillt ...

reichen sein Team und er die Millennials besser als viele andere und sorgen für Millionen von Interaktionen. Ein sehr spannendes und lukratives Geschäftsmodell. Im Gespräch berichtet Böckenförde von diversen anderen Versuchen zuvor, mit denen er gescheitert war. Aufgehorcht habe ich bei der Antwort auf die Frage, wer denn seine Vorbilder wären: „Meine Eltern" kam es, wie aus der Pistole geschossen. Sein Interviewpartner war erstaunt, denn diese Antwort hörte auch er nicht alle Tage. Seine Eltern haben ihn machen lassen und auch, wenn sie keine klassischen Unternehmer waren und sind, ihre Art und Weise, wie sie ihren Sohn in allen Zeiten begleitet haben, hat ihm imponiert. Auch wenn sie selbst eher risikoavers sind, haben sie ihn in seinen mutigen Entscheidungen – die am Ende für seinen Erfolg entscheidend waren – bestärkt. Ich habe dem Gespräch im Sonnenschein auf der Terrasse begeistert gelauscht und im Anschluss über meine Eltern, meine Großeltern und meinen Berufsweg nachgedacht. Nehmen Sie sich doch einmal einen Moment Zeit, um in Ihrer Familien-Karriere-Kiste zu kramen: Wie verlief der Berufsweg Ihres Vaters und der Ihrer Mutter? Wie war das bei Ihren Großeltern? Welche Unterschiede, welche Gemeinsamkeiten mit Ihrem Berufsweg fallen Ihnen auf? Wer die berufliche Geschichte seiner Familie betrachtet, findet oft überraschende Ähnlichkeiten in Neigungen, Wahl und Erfolg. Dieser Rückblick kann übrigens auch ein schöner Gesprächsaufhänger sein, wenn Sie das nächste Mal mit Familienmitgliedern zusammentreffen.

- **Sich an Lehrmeister erinnern:** Wer mich kennt, weiß, dass ich ein Faible für Karl May und seine Erzählungen über den Wilden Westen habe. Winnetou und Old Shatterhand waren zwei Helden meiner Kindheit. Nähergebracht hat sie mir übrigens mein Vater, der als Junge ebenfalls begeistert die Abenteuer der berühmten Blutsbrüder verschlungen hatte. Die Verfilmungen haben wir dann später gemeinsam am Fernseher verfolgt und als der edle Apachen-Häuptling in Winnetou 3 starb, hatte auch mein Vater eine Träne im Augenwinkel. Eine Figur in den Romanen hat meinen Vater immer besonders fasziniert: „Klekih-petra" – der weise Lehrmeister der Apachen. Dieser Lehrer vermittelte Werte an den jungen Häuptlingssohn und er war für meinen Vater ein Vorbild, auch er vermittelte seinen Schülern während seiner vielen Jahre als Lehrer weit mehr als den Stoff, der im Lehrplan stand. Noch heute, Jahre nach seinem Tod, bekomme ich von ehemaligen Schülern meines Vaters über die sozialen Netzwerke berührende Nachrichten mit ehrlichem Dank für das, was er ihnen während ihrer Schulzeit vermittelt hat. Bertold Ulsamer schreibt im Kapitel über Führungsfähigkeit und verweist dabei auch auf Lehrkräfte in der Schule. „Bildung, die prägt" war einmal der Werbespruch einer privaten Hochschule. Für die Prägung sorgen vor allem die Menschen, die Lehrkräfte. Viele vergisst man, an diverse erinnert man sich eher mit Grausen, aber manche bleiben für immer im Gedächtnis. Warum? Weil sie besonders und weit mehr als Wissensvermittler waren. Denken Sie doch einmal zurück und erinnern Sie sich an Ihre eigenen besonderen Lehrer, gerne auch an Trainer im Sport oder Musikpädagogen, wenn Sie ein Instrument gelernt haben. Was hatten diejenigen, an die Sie sich gerne erinnern? Was haben sie anders gemacht? Warum erinnern Sie sich gerne an sie? Die aufgeschriebenen Stichpunkte können ein Impuls für Sie selbst sein und für Ihre Rolle an Ihrem Arbeitsplatz. Wenn Sie einen Aspekt adaptieren für Ihre eigene Arbeit, die einen Ihrer Ausbilder einst ausgezeichnet hat, dann wird das Ihrer persönlichen Attitüde nicht schaden. „Ihr Vater hat uns damals einen besonderen Zugang zur Kunst verschafft und ich gehe seitdem mit anderen Augen durchs Leben", schrieb mir eine ehemalige Schülerin meines Vaters kürzlich. Es hat mich gefreut und ich war posthum stolz auf meinen Dad.

- **Self-Check machen:** „Wenn ich mal Kinder habe, werde ich das anders machen." Ich bin sicher, jeder von uns hat diesen Satz mal gedacht oder gesagt. Ich habe drei Kinder und natürlich fand ich nicht alles großartig, was meine Eltern ihren Kindern damals erziehungstechnisch geboten haben. Aber es zeigt sich, dass es ein ganz anderes Ding ist, ob man aus der Perspektive des Kindes meckert oder ob man selbst Vater ist. Die Situation, in der man sich befindet, ändert viel, und man stellt fest, dass es gar nicht so einfach ist, eine klare Linie zu finden und durchzuziehen. Nicht viel anders ist es, wenn man vom Mitar-

8 Kraft aus Vergangenem, oder: Opa Hans grillt ...

beiter zum Chef wird. Ich habe kürzlich bei einem Event einen Coach getroffen, der Eltern „Nachhilfe" in Erziehungsfragen gibt, wie er sich ausdrückte. Bevor ein Kind auf die Welt kommt, überschlagen sich die meisten Eltern darin, sich optimal auf das Neugeborene vorzubereiten. Da werden Geburtsvorbereitungskurse besucht, Fachbücher verschlungen und alle möglichen Leute befragt, die selbst Kinder haben. Später, wenn die Kinder mal da sind, wird deutlich weniger Aufwand betrieben, wenn es um Erziehungsfragen geht – dabei wäre es mindestens genauso wichtig, sich mit den kommenden Entwicklungsstufen des Nachwuchses intensiv auseinanderzusetzen, erklärte mir der erfahrene Erziehungswissenschaftler. Er macht mit den Eltern immer eine Übung, die ich spannend finde: Auf ein Blatt Papier schreibt man die Attitüden, die man sich selbst von den „perfekten" Eltern wünscht. Wenn er mit einem Paar arbeitet, wird nochmal zwischen den Partnern differenziert, um die Rollen klarer zu fassen. „Viel Zeit haben", „eine gute Freundin sein", „Fels in der Brandung", „Tröster", „Motivator" – lauter positive Begriffe fallen dann. Im Anschluss wird Bilanz gezogen. Entsprachen die eigenen Eltern diesem Profil? Wo hatten sie die größten Defizite? Gibt es Gründe dafür, die man erklären kann, etwa durch besondere Vorkommnisse wie eine Trennung, sodass etwas weniger Zeit verfügbar war als in einem harmonischen Familienkonstrukt? Noch spannender wird es aber, so berichtete mir der Therapeut, wenn man seine eigene Rolle bewertet. Erfüllt man selbst die hohen Anforderungen? Wer ehrlich mit sich selbst ist, wird nicht überall einen Haken machen können. Auch hier wird wieder überlegt, wie man einzelne Punkte optimieren könnte – verfügbare Zeit etwa. Gleiches lässt sich übrigens auch für andere Rollen durchführen. Wie sieht die perfekte Chefin oder der optimale Chef aus? Aufschreiben und dann mal checken – alleine oder mit dem Team im Büro. Der Coach hat diese Übung kürzlich in einer Firma gemacht. Chef und Team haben gemeinsam die optimale Führungskraft definiert. Dann wurde der Chef entsprechend bewertet. Er hatte Stärken, aber auch diverse Defizite. Weil er ein offener Typ war, ist er erwachsen damit umgegangen und hat versprochen, an den Defiziten zu arbeiten. „Ich möchte der Chef sein, den ihr euch wünscht", hatte er gesagt. Ein Jahr später traf sich die Runde wieder und der Chef bekam vom Team zu Beginn ein großes Lebkuchenherz: „Lieblingschef" stand drauf. Ob Eltern oder Führungskraft: Jeder kann an sich arbeiten. Dazu muss man wissen, woran es hapert. Dafür hilft erstmal der Self-Check. Machen Sie ihn mal – ob als Elternteil oder Führungskraft. Die Methode ist einfach und praktikabel. Und wenn Sie im Nachgang erstmal nur einen Punkt angehen, an den Sie nicht den perfekten Haken setzen können, werden Sie direkt besser. Ihre Kinder oder Mitarbeiter werden es Ihnen danken!

- **Den Kopf frei bekommen:** Mir hat im Kapitel die Geschichte von Bertold Ulsamer gefallen, als er von der Ärztin schrieb, die eine Blockade hatte, und wie er ihr half, diese aufzulösen. Kennen wir das nicht alle? Wir sind irgendwie blockiert bei einer Sache und stecken im Tunnel fest. So ging es mir auch mal und ich bin dankbar, dass ich damals einen Coach hatte, der mir half, den Berg, den ich vor mir wähnte, aus dem Weg zu räumen. Viele Blockaden entstehen aus Ängsten und oft ist es das Neue, das eher Unbekannte, was lähmt und für eine innere Mauer sorgt. Ich hatte bei einer meiner ersten Firmen einen tollen Chef, ein extrem positiver, motivierender Typ. Wenn er morgens reinkam, konnte man eigentlich das Licht ausmachen, so strahlte er. „Morgeeeeen, ihr Lieben", sang er mehr als er sprach, wenn er – meist in einem schrillen Outfit – in der Tür auftauchte. Ein toller Typ, der mich bis heute inspiriert, wenn ich an ihn zurückdenke. Wir waren in einem Markt unterwegs, der immer von Veränderungen geprägt war. Das war herausfordernd und auch anstrengend, vor allem aber mussten wir immer wieder Risiken eingehen, um neue Dinge auszuprobieren. Während der Chef das Risiko liebte – „Wer nicht wagt, der nicht gewinnt", sagte er oft und gerne –, waren viele Kollegen in dem Unternehmen eher zögerlich. „Was ist, wenn es schief geht?", war eine oft geäußerte Frage. Unser Chef lachte dann nur und meinte: „Dumm gelaufen, dann haben wir eben mit Zitronen gehandelt." Er ermutigte uns immer, Sachen zu probieren,

8 Kraft aus Vergangenem, oder: Opa Hans grillt ...

ohne Angst. Er war der Meister darin, Ängste weg zu argumentieren: „Bringen wir es doch mal auf die Sachebene: Was würde passieren im schlimmsten Fall?" Dann rechnete er den Worst-Case aus und wir stellten zusammen fest, dass das Risiko überschaubar war. Die Blockade war gelöst. Mit positiver Power gingen wir anschließend an die Aufgabe und meistens waren wir dann auch erfolgreich. Viele Horrorszenarien werden kleiner, wenn man sie auseinandernimmt oder wenn man nicht ewig an eine frühere negative Erfahrung zurückdenkt. In der Geschichte im Kapitel schließt die Ärztin Frieden mit ihrer Vergangenheit und dem Leid-Muster ihres Großvaters. Sie machte einen Haken an die Sache, die sie mit sich herumtrug, und konnte durchstarten. „Wir machen den Weg frei", lautete einst der smarte Werbespruch der Volks- und Raiffeisenbanken. Was liegt Ihnen im Weg? Gibt es etwas, was Sie beschäftigt und vielleicht blockiert? Nehmen Sie es auseinander, bringen Sie es auf die Sachebene, versuchen Sie, die Blockade zu identifizieren. Nur, wenn man seinen Feind kennt, kann man ihn schließlich bekämpfen. Und wenn man jemanden an seiner Seite hat, ist man nicht alleine und automatisch stärker. Deshalb überlegen Sie einmal in Ruhe, wer Ihr Partner sein könnte, um eine Blockade zu lösen, eine Problematik zu sezieren, um dann einen Weg nach vorne zu finden. Ich habe die besten Erfahrungen mit einem neutralen Coach gemacht, denn er ist nicht befangen, hat keine Partikularinteressen und steckt nicht zu tief in der Materie. Abstand ist am Ende der Schlüssel zur Lösung – von Blockaden und Problemen.

Podcast
Bitte scannen Sie diese Zeichnung mit der SN More Media App, um den Podcast anzuhören.

Literatur

Ulsamer B (2009) Der Apfel-Faktor. Wie die Familie, aus der wir kommen, beruflichen Erfolg beeinflusst. Kösel, München, Reprint Beruflicher Erfolg und Herkunftsfamilie. Wo Führungsstärke, aber auch Selbstsabotage und Burnout ihre Wurzeln haben, amazon 2019

9

Digital Detox, oder: Hollys Handy-Hotel

Digital Detox hört sich wie ein Arzneimittel an. Holly sagt es anders und funktionierte einen alten Schuhkarton zu einer Aufbewahrungseinrichtung für Smartphones um. It works.

Frank Behrendt
Wir saßen mit Salz auf der Haut hoch oben über der wunderbaren Bucht, die an die Karibik erinnerte. „La Plage D'Argent", der „Strand des Geldes", lautete der Name dieser malerischen Bucht auf Korsika. Der Luxus dort hielt sich allerdings in Grenzen: eine Bretterbude am Strand, einige Liegen, gekühlte Drinks und Pizza. Jean, der nette Taxifahrer, den wir auf dem Marktplatz trafen, hatte uns zu seinem Geheimtipp gefahren.

Während die anderen Ausflügler beim Landgang mit einer geführten Bustour am übervölkerten Strand von Ajaccio Station machten, hatten wir uns für einen Ausflug auf eigene Faust entschieden. Wir lieben es, mit den Einheimischen zu quatschen, die es immer goutieren, wenn man in ihrer Landessprache mit ihnen kommuniziert. Zum Dank verraten sie einem dann oft besondere Plätze, die nicht in jedem Reiseführer stehen.

Oben, auf der Dachterrasse besagter Bretterbude, genossen wir den Ausblick aufs Meer. Die Kinder zählten bei einer Fanta Limón Wellen pro Minute, ich trank eisgekühltes Heineken alkoholfrei aus der Flasche. Wir lachten und redeten miteinander. Herrlich. Neben uns das komplette Gegenteil: Vater, Mutter, zwei Kinder, vielleicht zehn und zwölf Jahre alt. Keiner sprach, niemand sah aufs Meer. Aber alle hatten ein Smartphone in der Hand, starrten paralysiert darauf und tippten wie irre. Holly sah sich das Schauspiel eine Weile lang an und sagte dann trocken: „Die armen Leute, sie können nicht reden." Wahrscheinlich konnten sie es schon, aber sie hatten sich für eine andere Form der Kommunikation entschieden – nicht miteinander, sondern irgendwie nebeneinander.

Nun will ich nicht so tun, als ob ich immer vorbildlich mein Smartphone wegstecke und immer allen zugewandt bin. Ich nehme rege am digitalen Leben teil, nutze alle sozialen Netzwerke, zähle mich zu den Viel-Postern. Und auch meine Familie habe ich schon des Öfteren genervt, weil ich nur noch eben schnell ein Bild auf Instagram posten wollte, einen Tweet auf Twitter im Kopf hatte oder auf Facebook meine Follower-Gemeinde mit einem originellen Post erfreuen wollte. Auch am Wochenende oder im Urlaub habe ich früher lange Zeit keine Pause gemacht.

Aber irgendwann war es wieder einmal Holly, die mir einen Impuls gab, der mich weiterbrachte. Es brach die Vorweihnachtszeit an, die Zeit der Besinnung, möchte man meinen. In Wahrheit sind die Menschen zu kaum einer anderen Jahreszeit so gestresst und genervt wie vor Weihnachten. Ich kenne viele, die richtig froh sind, wenn das Weihnachtstheater wieder vorbei ist. Die sind nach den Feiertagen eigentlich reif für eine Kur, wenn nicht gar für eine Therapie.

9 Digital Detox, oder: Hollys Handy-Hotel

Holly kam aus der Schule und erklärte, dass ihre Lehrerin gesagt hätte, man sollte die Adventssonntage im Schein der Kerzen genießen. Holly hatte auch sehr konkrete Vorstellungen, wie das auszusehen hatte: den ganzen Tag gemeinsam schöne Dinge unternehmen und zusammen spielen. Damit das auch funktionierte, sollten die Smartphones an diesem Tag verschwinden.

Nun könnte man sie ja einfach ausschalten und „Digital Detox" machen, wie es postmodern heißt. Aber wer macht das schon einfach so? Holly fand eine charmante Argumentation. Sie sinnierte, dass sich Handys auch mal von ihren Benutzern ausruhen müssten. Auf so einen Ansatz kann nur ein Kind kommen. Und eine pragmatische Lösung hatte sie auch parat: Ein alter Schuhkarton wurde mit einem gemalten Bild beklebt, auf dem in fetten Lettern „Hollys Handy-Hotel" prangte. In die Pappkiste hatte sie Kissen und Decken aus ihren Puppenbetten gelegt. Darin ruhten dann unsere ausgeschalteten Handys.

Warum es so wichtig ist, ganz bewusst digitale Pausen einzulegen, um nicht ein ewig Getriebener zu sein, davon handelt dieses Kapitel. Weil sich unsere Handys in dem 5-Sterne-Hotel so unglaublich wohlgefühlt haben, checken sie jetzt ganzjährig an allen Sonntagen dort ein.

Bertold Ulsamer
Das Internet ist wie eine große Welle, die uns alle überrollt und mitreißt. Einige gehen unter, manche können sich nur mühsam oben halten, andere haben zu ihrem Glück ein Surfbrett gefunden und lassen sich von der Welle tragen. Wir hatten ja schon zu Beginn des Buches das Thema mit den verflixten Handys, die so oft die Konzentration am Arbeitsplatz rauben. In diesem Kapitel möchte ich das Thema Internet und den Umgang damit noch grundsätzlicher betrachten. Was verändert sich durchs Internet und was hat sich schon verändert? Was kann schief gehen? Woher kommt dieser Sog? Was ist das Neue? Was sind die Chancen?

Kinder, Handys und das Gehirn

Fange ich doch mit Holly an. Die scheint etwas verstanden zu haben, woran die Eltern in anderen Familien verzweifeln. Holly packt das Handy in „Hollys Handy-Hotel" und darin bleibt es ausgeschaltet. Das würde auch so manchen Eltern in den USA gefallen, wenn ich die Schlagzeile der Berliner Zeitung lese: „Warum Silicon-Valley-Eltern ihren Kindern das Smartphone verbieten" (Bos 2018). In dem Bericht wird aus der New York Times zitiert: „Ich bin überzeugt davon, dass der Teufel in unseren Telefonen lebt und in unseren Kindern verheerende Schäden anrichtet", sagt dort eine Facebook-Managerin (!). Ihren eigenen Kindern habe sie erst ab der neunten Klasse Smartphones erlaubt. Der CEO einer Firma für Robotik vergleicht die Wirkung von Handys auf Kinder mit der von Rauschgift: „Wir können sie nicht kontrollieren." Selbst Apple-Chef Tim Cook erlaube seinen Neffen nicht, Social Media zu benutzen. Und Steve Jobs hatte seinen Kindern iPads gleich ganz verboten. Ein bisschen erinnert das an die Chirurgen, die ganz viele lukrative Eingriffe an ihren Patienten vornehmen (an Rücken oder Knie), aber selbst bei eigenen Beschwerden die Operationen nicht machen lassen würden.

In Deutschland haben 75 Prozent der Zehnjährigen im Jahr 2019 ein eigenes internetfähiges Handy. Im Vergleich zum Jahr 2014 ist das ein Anstieg von 55 Prozentpunkten: Damals hatten in dieser Altersklasse nur 20 Prozent ein Smartphone. Bereits im Alter von sechs bis sieben Jahren nutzen 54 Prozent der befragten Kinder zumindest manchmal ein Smartphone. 40 Prozent surfen nach eigener Aussage gelegentlich im Internet. Mehr als die Hälfte aller Befragten könne sich einen Alltag ohne Handy nicht mehr vorstellen. (Bitkom 2019)

9 Digital Detox, oder: Hollys Handy-Hotel

Wie wirkt das Internet? Macht es die Kinder dumm? Ein weltweites Phänomen ist, dass der durchschnittliche Intelligenzquotient sinkt (Bleuel et al. 2019). Ist das Internet daran schuld? Bis in die 1990er-Jahre war es genau umgekehrt: Der IQ stieg immer weiter an. 1987 veröffentlichte der Forscher und Politologe James R. Flynn einen Aufsatz, in dem er berichtete, dass in allen Industrienationen die Menschen von Generation zu Generation einen immer höheren IQ-Wert erreichten (Flynn 1987). Das wurde als „Flynn-Effekt" bekannt. Deswegen war der Schock 2004 umso größer, als festgestellt wurde, dass der Anstieg sich erst verlangsamt und seit 1994 umgekehrt hatte: Der IQ sank und sinkt in allen gemessenen Bereichen nationenübergreifend. Dazu kommt, dass immer mehr Kinder in den Industrienationen Aufmerksamkeitsdefizite haben und an ADHS leiden. Untersuchungen und Vergleiche ergeben, dass es nicht an veränderter Genetik, sondern an Umwelteinflüssen liegt.

Studien von Gehirnforschern zeigen, dass die digitale Welt das gesamte Gehirn schon verändert hat. Die Aufmerksamkeit wird weniger fokussiert, sondern zerstreut. Die Klarheit des Denkens schwindet so. Es sieht also so aus, als ob die Eltern in Silicon Valley mit ihrer Vorsicht den richtigen Riecher haben.

Der zweite schwerwiegende Grund, warum die Welt wieder dümmer wird, sind die vielen Chemikalien der Umwelt. Eine Reihe von ihnen behindern die Rezeptoren in der Schilddrüse, wo viele Hormone andocken. Von dort aus werden alle Entwicklungsschritte des Menschen in Gang gesetzt. Das haben viele Untersuchungen und Tierversuche gezeigt – es sind keine Verschwörungstheorien. Kein Wunder, dass die heutigen Kinder der Generation Z (2019) in den USA langsamer erwachsen werden. Sie gehen seltener ohne ihre Eltern aus, sie trinken weniger Alkohol, sie haben später und weniger Sex.

Aber nicht die Kinder allein fixieren sich auf ihr Handy. Man zähle einmal die Mütter und Väter, die mit den Kindern auf dem Spielplatz sind und dabei aufs Smartphone schauen. Dabei sehnen Kinder sich doch so sehr nach Aufmerksamkeit und wohlwollender Beachtung! Digitale Geräte unterbrechen regelmäßig den Kontakt der Eltern mit dem Kind. Manchmal geschieht das abrupt. Die Mutter lächelt ihr Baby an, das Kind strahlt zurück. Das Handy klingelt. Plötzlich ist die Mutter – für das Baby aus unerklärlichen Gründen – nicht mehr da, sondern unerreichbar. Vielleicht sind es solche Schocks, die den Hunger nach Aufmerksamkeit, auf den ich gleich zu sprechen komme, noch nähren. Missachtete Kinder sind eher frustriert und hyperaktiv, sie jammern, schmollen oder reagieren mit Wutanfällen, berichten Forscher im Fachjournal „Pediatric Research" (Arbor 2018). Ein negativer Kreislauf entsteht, denn viele Eltern reagieren auf auffällige, als anstrengend empfundene Kinder mit noch mehr Medienkonsum.

Holly weiß schon, warum die Smartphones am Adventssonntag verschwinden müssen. Wenn Ihre Kinder zu Hause nicht wie Holly die Initiative ergreifen – vielleicht können Sie es selbst dann tun?

Schnaps oder Internet?

Ist das Internet besser als Alkohol? Deutschland ist laut dem **Jahrbuch für Sucht** ein Land mit vielen Süchtigen (Spiegel Online 2019). Auch wenn wir ungern darüber nachdenken, hier ein paar Zahlen: Nummer 1 ist der Alkohol. Keine andere Droge ist so weit verbreitet und gesellschaftlich etabliert. Jeder Erwachsene trank 2017 rund 131 Liter Alkoholika laut der Deutschen Hauptstelle für Suchtfragen. 7,8 Millionen Bundesbürger zwischen 18 und 64 Jahren gelten als Risikotrinker. Rund 21.700 Kinder und Jugendliche zwischen zehn und 20 Jahren kamen 2017 mit einer Alkoholvergiftung ins Krankenhaus. Aber die Sucht beschränkt sich nicht auf Alkohol. 1,2 bis 1,5 Millionen Menschen sind abhängig von Beruhigungs- und Schlafmitteln, darunter vor allem Ältere und Frauen. Weitere 300.000 bis 400.000 Menschen sind abhängig von weiteren Arzneimitteln. Rund 180.000 Menschen in Deutschland gelten als spielsüchtig, weitere 326.000 haben ein Problem mit ihrem Spielverhalten.

Jetzt also auch noch zusätzlich die Internetsucht? Die Forscher streiten sich noch darüber, ob Internetabhängigkeit eine eigenständige Erkrankung darstellt oder ob es sich lediglich um das Symptom einer anderen Grunderkrankung handelt. Doch seit Juni 2018 wird Online-Spielsucht von der WHO als Krankheit geführt.

Es wird geschätzt, dass in Deutschland zwischen 560.000 und 1,5 Millionen Personen (ein bis drei Prozent der deutschen Bevölkerung) Tendenzen zur Entwicklung und Aufrechterhaltung einer Internetsucht zeigen. Bei 4,6 Prozent der Bevölkerung läge bei mindestens vier Stunden täglich zwanghafter Online-Nutzung eine „problematische Internetnutzung" vor. Diese Zahl entspricht etwa dem Anteil der Cannabis-Konsumenten in Deutschland. Da ist also schon eine ganze Menge im deutschen Untergrund los!

Mein Interesse als Psychologe gilt den Ursachen und Wirkungen von Sucht. Und dabei schaue ich fachbezogen in Richtung Gefühle, Gemüt und Seele. Wer suchterzeugende Substanzen einnimmt, dämpft damit sein eigenes Spannungsniveau. Das Gläschen Wein bei zu viel Stress ist nur ein kleines Beispiel. Spannungen und Druck werden heute in der Gesellschaft immer stärker, also wächst auch das Bedürfnis nach Spannungsabbau. Das Internet lenkt von den Spannungen ab und beruhigt so in gewisser Weise. Wenn Sie ein Stündchen surfen, vergessen Sie dabei Ihren ganzen Stress. Je stärker Ihre Spannungen, desto häufiger werden Sie zur „Droge Internet" greifen – und schließlich sind wir bei einer Sucht. Drogen bauen Spannungen ab. Warum sonst checken Sie manchmal fast zwanghaft zum x-ten Mal Ihre E-Mails oder die Nachrichten? Dabei gilt der alte Satz von Paracelsus (1493–1541): „Alle Dinge sind Gift, und nichts ist ohne Gift; allein die Dosis machts, dass ein Ding kein Gift sei."

Woher kommen die Spannungen? Der Blick geht normalerweise zur Außenwelt und dort lassen sich immer Ursachen finden. Zu viel Arbeit, schlechte wirtschaftliche Prognosen, unfähige Politiker, Globalisierung, Umweltzerstörung, Krieg. Damit erleben Sie sich als Opfer der äußeren Umstände und vergessen den kleinen Täter in sich. Eigentlich könnte ja die Menschheit mit dem inzwischen erworbenen Wissen alle wesentlichen Probleme (Nahrung, Kleidung, medizinische Versorgung) gemeinsam lösen und friedlich und entspannt zusammenleben. Dabei gibt es nicht „die Menschheit" an sich, sondern nur einzelne Menschen. Die sind sich alle irgendwie ähnlich und schwingen heute in ähnlichen Rhythmen. Auch Sie könnten vermutlich ein entspannteres Leben führen. Warum tun Sie es nicht? Jeder an seinem Platz ist Teil des Ganzen und so auch mitverantwortlich. Nicht, dass Sie durch Ihren Einsatz den Lauf der Welt verändern könnten, aber Sie tragen etwas dazu bei, dass es so ist, wie es ist. Wir sitzen alle in einem Boot.

Richard Schwartz beschäftigt sich mit unserer Persönlichkeit und ihren vielen inneren Anteilen. Eine wichtige Gruppe sind die „Verbannten". Dazu gehören negative Gefühle wie Einsamkeit, Schmerz, Scham, Wut und auch Verletzungen, die wir aus der Vergangenheit mitbringen und in den Untergrund gesteckt haben. Verbannte müssen in Schach gehalten werden, sie sollen im Keller bleiben. Damit das geschieht, existiert die Gruppe der „Feuerbekämpfer". Sie treten immer dann in Aktion, wenn einer der Verbannten derart aufgewühlt ist, dass er droht, die Person mit seinen extremen Gefühlen zu überfluten. Diese inneren Feuerwehrleute reagieren sehr schnell und sind auf der Jagd nach Reizen, die die Empfindungen der Verbannten überlagern.

Konkret: Sie schauen auf Ihren Terminkalender und einen Moment lang kommt Frust oder Resignation hoch. Wenn Sie diesen Gefühlen zwei Minuten Raum geben würden, würden sie intensiver werden und Sie mit grundsätzlichen Fragen konfrontieren. Will ich das wirklich, was ich tue? Macht das alles für mich Sinn? Instinktiv und automatisch greifen Sie aber sofort zu einer Ablenkung. Sie checken die Mails.

Internet ist also ein hervorragendes Instrument, um von allen unangenehmen Impulsen sofort wegzukommen. Schnell, bevor ein negatives Gefühl stark wird und ganz ins Bewusstsein dringt, Handy in die Hand nehmen und die News lesen! Je stärker die eigenen Belastungen, desto stärker der Sog.

„Hat das Gehirn sich erst einmal an die Ablenkung nach Belieben gewöhnt, (...) ist es schwer, diese Sucht abzuschütteln, selbst wenn Sie sich konzentrieren wollen. Um es konkreter zu machen: Wenn Sie jeden Moment potenzieller Langeweile in Ihrem Leben – zum Beispiel wenn Sie fünf Minuten Schlange stehen oder allein in einem Restaurant sitzen müssen, bis Ihre Freundin eintrifft – nur durch einen raschen Blick auf Ihr Smartphone erleichtern können, ist Ihr Gehirn vermutlich (…) neu verknüpft" (Newport 2017, S. 157).

Auch Alkohol, eine Zigarette, ein Stück Kuchen, Sex oder Arbeit können von den „Verbannten" ablenken. Die Vermeidung funktioniert eine Zeitlang gut, doch dann holt einen meist irgendwann das Vermiedene doppelt stark und unangenehm ein. Ist jetzt Schnaps oder Internet sinnvoller? Oder eine Kombination aus beidem? Alkohol schädigt die Leber, zu viel Internet wirkt sich auf die Gehirnzellen aus. Was im Endeffekt gesünder ist, werden sicherlich zukünftige Forschungen herausfinden.

Deep Work

Wie nun mit dem Internet gut umgehen? Das mögliche Gift so dosieren, dass es ein Heilmittel wird? Sehr beeindruckt hat mich das Buch „Konzentriert arbeiten: Regeln für eine Welt voller Ablenkungen" (Newport 2017). Ich muss gestehen, dass ich nach der Lektüre meinen nicht immer vorbildlichen Umgang mit dem Internet direkt verändert habe. Der Autor Cal Newport machte in elf Jahren seinen Doktortitel, wurde Professor, schrieb fünf wissenschaftliche Aufsätze jährlich und dazu fünf Bücher. Aber auch privat war er nicht untätig. Er heiratete während dieser Zeit und zeugte drei Söhne. Um die kümmert er sich zusammen mit seiner Frau. Er hört normalerweise um 18 Uhr mit der Arbeit auf und die Wochenenden bleiben meist frei (Reumschüssel 2019, S. 70).

Wie lässt sich die eigene Leistung erhöhen? Newport plädiert für „Deep Work". Mit diesem Begriff meint er eine Arbeit, die Dinge durchdringt, neue Erkenntnisse schafft oder intellektuell anspruchsvoll ist. Im Gegensatz dazu steht die eher oberflächliche Arbeit („Shallow Work"), die

9 Digital Detox, oder: Hollys Handy-Hotel

ebenfalls Bestandteil jeder beruflichen Tätigkeit ist und keine besondere Konzentration oder Fokussierung verlangt, zum Beispiel einfache E-Mails zu beantworten. Mit der oberflächlichen Arbeit kann man sehr geschäftig und beschäftigt sein – produktiv ist man aber nicht.

Die tiefe Arbeit wird immer wichtiger, denn die Aufmerksamkeit wird immer zersplitterter. So verbringt nach einer McKinsey-Studie von 2012 der durchschnittliche Wissensarbeiter über 60 Prozent der Arbeitswoche mit elektronischer Kommunikation und Internetsuche, wobei knapp 30 Prozent der Arbeitszeit allein auf das Lesen und Beantworten von E-Mails entfallen (Newport 2017, S. 11). Wie gerade gesagt: Geschäftig, aber nicht produktiv!

Die erforderliche Konzentration für Deep Work kann langsam verloren gehen, aber auch gelernt und trainiert werden. Je mehr und je länger Sie sich ständig spontan und ungeordnet auf die Reize des Internets einlassen, desto weniger sind Sie in der Lage, längere Zeit fokussiert zu arbeiten. Stimmen Sie dem zu? Widersprechen Sie, weil Ihre eigene Erfahrung anders ist? Oder finden Sie das zumindest bedenkens- und überprüfenswert? Newport hat eine Reihe von Empfehlungen für die Stärkung der eigenen Fähigkeit, fokussiert zu arbeiten, entwickelt. Meine persönliche Empfehlung: Lesen Sie sein komplettes Buch!

Der Weg zur Hölle ist mit guten Vorsätzen gepflastert, sagt ein altes Sprichwort. Gute Absichten reichen nicht. Sie müssen Ihrem Leben Abläufe und Rituale hinzufügen, die fast automatisch funktionieren, sodass Sie nicht jedes Mal Willenskraft aufbringen müssen. Willenskraft ist nämlich anstrengend und verbraucht Energie (McLuhan zitiert nach Pörksen 2018, S. 100). Finden Sie heraus, welche Form und Struktur der „Deep Work" zu Ihnen und zu Ihrer Tätigkeit passt. Es gibt die (seltenen) Mönche, die sich für eine bestimme Zeit für ihre Arbeit ganz aus dem sozialen

Leben zurückziehen. Dann gibt es Menschen, bei denen dieser Rückzug tageweise möglich ist.

Dazu berichtet Newport von der Forscherin Perlow, die bei der Boston Consulting Group erreichte, dass ein Team sich einen Tag in der Woche komplett abschottete, obwohl ständige Erreichbarkeit dort als ein hoher Wert galt (Newport 2017, S. 59 f.). Erst leistete das Team Widerstand gegen das Experiment. Aber das Resultat war verblüffend: Die Berater hatten mehr Freude an ihrer Arbeit, hatten untereinander eine bessere Verständigung und lieferten den Kunden bessere Produkte. Im Allgemeinen respektieren die Kunden und Kollegen die zeitweise Unerreichbarkeit, wenn diese Zeiträume fest umrissen sind, ausreichend angekündigt werden und Sie nach dieser Zeit wieder zur Verfügung stehen (Newport 2017, S. 110).

Für viele mag es eine praktikable Möglichkeit sein, sich für feste Stunden am Tag zurückzuziehen, um sich der konzentrierten Arbeit zu widmen, zum Beispiel am frühen Morgen vor dem üblichen Tagesgeschäft. Schließlich gibt es auch noch den herausfordernden Weg im normalen Arbeitsalltag, sich immer wieder für Stunden des konzentrierten Arbeitens zu entscheiden.

Vieles im Internet, zum Beispiel das Tätigsein in den sozialen Medien, bringt natürlich Vorteile. Sinnvoll ist die präzise Abwägung der Vor- und Nachteile. Dazu müssen Sie sich über Ihre Ziele klar sein. Angesichts Ihrer Ziele wägen Sie dann ab, wie groß tatsächliche Vorteile und wie groß die Nachteile sind. Verwenden Sie ein Werkzeug nur dann weiter, wenn Sie zu dem Schluss kommen, dass es maßgeblich positive Auswirkungen hat und dass diese die negativen Auswirkungen überwiegen (Newport 2017, S. 192).

Nützlich ist nach Newport weiterhin, auch bei der oberflächlicheren Arbeit und in der Freizeit, die Zeiten des

Internetzugangs festzulegen (und sich auch an sie zu halten). Das fördert ebenfalls Klarheit und Fokussierung. Deshalb ist eine schriftliche Planung Ihres Arbeitsalltags mit festen Zeitvorgaben wichtig. Sie können jederzeit von dem Plan abweichen, müssen nur nach jeder Abweichung wieder schriftlich Ihren Plan up-to-date bringen, bzw. einen neuen veränderten Plan machen. Die Freiheit, die man dadurch erlangt, finde ich persönlich genial!

In seinem neuen Buch „Digitaler Minimalismus" spinnt Newport diesen Gedanken noch weiter und zeigt, dass der Schlüssel zu einem guten Leben in der Hightech-Welt darin besteht, die Nutzung der Technologien in allen Bereichen des Lebens auf das Wesentlichste zu reduzieren (Newport 2019).

Die Welt wächst zusammen

Papa erzählt dem kleinen Sohn von der fernen Vergangenheit. „Und als ich jung war, gab es noch nicht einmal Computer." Der kleine Junge entsetzt: „Und wie kamt ihr dann ins Internet?!"

1983 kommt als erster Heimcomputer der Commodore 64 in Deutschland auf den Markt, 1989 markiert den Beginn des Internets als Datenaustausch im Kernforschungszentrum Cern, 1990 geht die erste Website Info.cern.ch online, 1994 macht der Browser Mosaic dieses Netz für jedermann zugänglich. Amazon wird 1994 gegründet, Google 1996 und Facebook 2004. 2007 kommt das iPhone auf den Markt und leitet die Ära der Smartphones ein. Heute stehen als große IT-Trends Cloud Computing, Künstliche Intelligenz und das Internet der Dinge an (Ramge 2019).

Wir schwimmen alle so selbstverständlich mit, gewöhnen uns so rasch an die neuesten Tools, dass uns anscheinend nichts mehr überraschen kann. Schon 1964 (!) hat der

Medientheoretiker Marshall McLuhan geschrieben, dass wir „von den Nerven der gesamten Menschheit umgeben (sind). Sie sind nach außen gewandert und bilden eine elektrische Umwelt." Heute trifft das noch weit mehr zu. Alles, was geschieht, was das Nervenkostüm anderer Menschen an irgendeinem Ort der Welt erreicht, was sie bewegt, verstört, ängstigt, vermag auch uns zu erreichen und zu erfreuen oder zu verstören. (Pörksen 2018, S. 7)

Das Internet macht die ganze Welt zu einer Art großem Gehirn. Dabei besteht schon Ihr eigenes Gehirn aus mehreren hundert Milliarden Zellen, den Neuronen. „Jede dieser Zellen kann es an Komplexität mit einer gesamten Großstadt aufnehmen. Sie enthält das gesamte menschliche Genom und steuert Milliarden von Molekülen in verschlungenen Wirtschaftssystemen. Jede Zelle sendet elektrische Impulse an andere Zellen, oft Hunderte pro Sekunde … Ein gewöhnliches Neuron hat etwa 10.000 Verbindungen zu benachbarten Neuronen. Angesichts der Milliarden von Neuronen bedeutet dies, dass es in einem einzigen Kubikzentimeter Ihres Gehirns so viele Verbindungen gibt wie Sterne in unserer gesamten Milchstraße." (Eagleman 2012, S. 7 f.)

Menschen waren schon immer mehr miteinander verbunden, als ihnen bewusst ist. Als junger Psychologiestudent faszinierte mich 1977 ein Artikel der „Psychologie heute", wie Nachrichten Menschen beeinflussen (Holloway und Hornstein 1977, S. 34). Für dieses Kapitel habe ich ihn wieder aus meinen alten Unterlagen herausgefischt. Ein Forschungsteam machte in New York Experimente und legte über mehrere Wochen hinweg Brieftaschen so aus, als ob sie verloren wären. Rund 45 Prozent wurden von ehrlichen Findern über mehrere Wochen an die Adresse in der Brieftasche geschickt. Dann passierte am 4. Juni etwas Merkwürdiges. Nicht eine einzige der ausgelegten Brieftaschen wurde zurückgeschickt. In der Nacht vorher ist bei einem Attentat Robert Kennedy ermordet worden. Sollte das der Grund gewesen sein? Ja, das war der Grund! Viele weitere Experimente zeigten, wie sehr Nachrichten Gruppenbindungen schwächen oder stärken und das menschliche Verhalten unmittelbar beeinflussen.

Heute sind die Verbindungen schneller und direkter. Nach Pörksen sind es drei zentrale, unser Welt- und Wirklichkeitsbild prägende Gesetze der Informationsverbreitung. Erstens verbreiten Informationen sich blitzschnell. Zweitens ist die Veröffentlichung ungehindert (wobei das Beispiel China zeigt, dass auch Abschottungen und Zensur möglich sind). Informationen sind drittens, gerade im Falle von emotionalisierenden Themen, hochgradig kombinationsfähig (Pörksen 2018, S. 46).

Die Wirkungen erleben wir bei jedem Shitstorm. Die ganze Welt rückt zusammen, Grenzen spielen kaum eine Rolle mehr – wie zum Beispiel die „MeToo"-Bewegung zeigt, die sich in rasender Geschwindigkeit verbreitet hat. Wenn heute ein Thema aufkommt, das dem sich immer wieder verändernden Zeitgeist entspricht, kann es in Minuten und Stunden die ganze Welt erreichen.

Umgang mit dem Neuen

Zu einer Übergangszeit gehören Turbulenzen. Dabei lernen die Menschen mit den Veränderungen umzugehen und neue sinnvolle Verhaltensweisen zu entwickeln. Kinder wachsen dagegen schon immer selbstverständlich in die jeweilige Zeit hinein. Heute sind sie die „Digital Natives". Erwachsene tun sich schwerer, sie hängen immer auch an den sie prägenden Erinnerungen und der Vergangenheit. Kritik am Neuen, Verteidigung des Althergebrachten, Weltuntergangsfantasien, Katastrophenstimmung gehören zu jeder älteren Generation dazu. Und gleichzeitig hat das noch nie genutzt, das Fortschreiten aufzuhalten.

„Wehrt euch!", ruft Hans Magnus Enzensberger kämpferisch mit 85 Jahren, ein bekannter deutscher Dichter, Schriftsteller und Herausgeber (Enzensberger 2014). In der FAZ darf er zehn Thesen zur Gegenwehr gegen die moderne Welt veröffentlichen. Es geht ihm darum, „wie Sie sich Ihrer Ausbeutung und Überwachung widersetzen können." Regel 1: „Wer ein Mobiltelefon besitzt, werfe es weg. Es hat ein Leben vor diesem Gerät gegeben, und die Spezies wird auch weiter existieren, wenn es wieder verschwunden ist." Wobei auch die Regel 7, dass die Ansichtskarte heute bei wichtigen Nachrichten sicherer als eine E-Mail sei, wohl nicht so ganz falsch ist.

„Sehnen sich die Modernekritiker nicht, wie all ihre Vorgänger, nach einer vergangenen Epoche zurück, die es nie gegeben hat und die sie verklären, statt nach dem Neuen zu suchen?" (Altmeyer 2016, S. 215) In Tiefeninterviews, die der Forscher Grünewald in Deutschland durchführte, fand er heraus, dass die mit der Digitalisierung verbundenen Ängste in Schach gehalten oder überlagert werden von den neuen Verheißungen der Digitalisierung. Die Menschen schaukeln ständig zwischen Angst und Hoffnung hin und her. (Grünewald 2019)

Die Persönlichkeit und Charakterstrukturen ändern sich heute. Wir können das um uns herum beobachten. Man schaue den veränderten Umgang der Eltern mit ihren Kindern an. Holly und ihr Papa im Gespräch – wäre das so vor fünfzig Jahren möglich gewesen? Holly wächst heute wie von allein zu einer selbstbewussten Persönlichkeit heran. Ermutigung zu solcher Entwicklung kommt erst durch die modernen Eltern.

9 Digital Detox, oder: Hollys Handy-Hotel

Die typische Persönlichkeitsstruktur der Gegenwart ist offener, durchlässiger, flexibler, lebendiger und reichhaltiger geworden, weniger starr, weniger zwanghaft und weniger eingeschränkt, gleichzeitig aber auch damit sensibler, labiler und störungsanfälliger (Dornes zitiert nach Altmeyer 2016, S. 23 f.). Denn wer den Panzer um seine Gefühle herum ablegt, gerät leichter aus der Fassung und fühlt sich schneller gekränkt. Wir können das eine nicht ohne das andere haben.

Aggressionen und Gewalt tauchen auch deshalb so unerwartet heftig in der Mitte der Gesellschaft auf. Früher war die gesellschaftliche Kontrolle größer, dazu kamen die Kriege, eine gesellschaftlich anerkannte Entladung von Aggression. Wenn wir ins Mittelalter zurückschauen zu den öffentlichen Verurteilungen und Folterungen, schaudert es uns vor dieser selbstverständlichen Grausamkeit damals. Vielleicht schauen die Menschen in 200 Jahren mit dem gleichen Schauder zu unserer Epoche und sehen unseren Umgang mit der Umwelt, mit den Tieren und mit Menschen (Geflüchteten!) als genauso grausam an.

Wir sind keine anderen (oder gar: besseren) Menschen als die Generationen vor uns, nur leben wir in Zeiten, in denen früher Verdrängtes mehr nach oben kommt. Gleichzeitig gehen in den großen Entwicklungslinien der Menschheit Aggression und Gewalt insgesamt kontinuierlich zurück, wie gründliche Untersuchungen bewiesen haben (Pinker 2013). Der mediale Fokus auf die Gewalt täuscht über diese Tatsachen hinweg. Harari bringt es auf den Punkt: „2010 starben drei Millionen Menschen an den Folgen von Übergewicht – das sind mehr als durch Hunger, Kriege, Gewaltverbrechen und Terrorismus zusammen. Für einen Amerikaner oder Europäer der Gegenwart ist Coca-Cola die größere Bedrohung als al-Qaida." (Harari 2017).

Die Suche nach Verbundenheit

Schauen wir mit dem Psychoanalytiker Altmeyer noch in andere Tiefen. Statt über die modernen Entwicklungen zu klagen, sucht er in seinem Buch „Auf der Suche nach Resonanz" nach der versteckten Bedeutung heutiger Entwicklungen. Das Internet mit den sozialen Medien bietet völlig neue Möglichkeiten, Aufmerksamkeit, vor allem in Form von Likes, zu bekommen. „Werde ich gesehen? Finde ich Beachtung? Nimmt mich die Welt auf und an? Akzeptiert sie mich so, wie ich bin? Kann sie etwas anfangen mit dem, was ich tue, darstelle oder zu bieten habe?" (Altmeyer 2016, S. 132) Dabei ist die Aufmerksamkeit anderer Menschen die unwiderstehlichste Droge. Ruhm zählt mehr als Macht und Prominenz mehr als Reichtum (Franck 1998, S. 10 f.).

Deshalb ist der Drang so groß, in den weltweiten Netzwerken Spuren zu hinterlassen. Die Jugend hat heute daher „weniger Angst davor, von der Gesellschaft überwacht als von ihr übersehen zu werden. Im Grunde der zeitgenössischen Seele bedeutet Big Brother eigentlich Big Mother." (Altmeyer 2016, S. 75)

Damit weist Altmeyer gleich auf die Wurzel dieses Bedürfnisses hin. Erst im Kontakt mit dem Blick der Mutter, den der Säugling aktiv sucht, fängt er an, sich selbst zu entdecken. Als Folge der Reaktionen und Stimmungen der Mutter bildet sich der Kern der persönlichen Identität (Altmeyer 2016, S. 193 f.).

Wir brauchen den Spiegel anderer Menschen, um uns selbst zu finden. Es ist ein Urbedürfnis, mit der Umwelt verbunden und in sozialem Kontakt zu sein. Dieses Urverlangen, so Altmeyer, hat die digitale Revolution angezapft.

Leider spricht Altmeyer nicht von den Grenzen. Wie nährend und sinnvoll ist diese Beachtung von anderen in den sozialen Netzwerken? Ab wann gehen dadurch direkte

Erfahrungen verloren? Holly erkennt das, wenn sie zur Familie am Nachbartisch schaut: „Die armen Leute, sie können nicht reden." Statt mit den realen Personen zu kommunizieren, begeben sie sich in die Begegnungen im Netz. Facebook-Freunde ersetzen nicht die Freunde des realen Lebens, sie können sie nur ergänzen. Das ist die neue Lernaufgabe für den Nachwuchs. Ich habe eine Fantasie: Wenn heute bei einem ersten Date ein junger Mann zeigen will, dass er ernsthaft interessiert ist, dann legt er sein Handy vor sich auf den Tisch und schaltet es ostentativ ab. Einen besseren Beweis kann er nicht geben.

Spannend finde ich noch eine andere Veränderung. Frühere selbstverständliche Autorität bröckelt immer mehr auch gesellschaftlich. Die Idealisierung von großen Politikern war zum Beispiel immer selbstverständlich gewesen. Sie sollten besser sein, klüger, stärker – einfach fehlerlos. Perfekte Elternfiguren! Oder man beobachte den irgendwie doch devoten Umgang der Medien mit den „gekrönten Häuptern". Durch ihre Linse ist dann eine Königin wie Elisabeth die Zweite nicht ein normaler Mitmensch, sondern anders.

Die Autoritätskrise heute rührt auch daher, dass die Medien nun Politikerinnen und Politikern so nahe kommen, alles umfassend veröffentlichen, sodass der gewöhnliche, fehlerhafte Mensch durchkommt. Während zuvor öffentliches und privates Leben strikt getrennt waren, gilt das heute nicht mehr. Privates wird politisch. „Autorität und Selbstmystifikationen basieren immer auch auf Informationskontrolle, Distanz, der weitgehend ungestörten Inszenierung und der verborgenen PR, der effektiven Beschönigung der Vergangenheit." (Pörksen 2018, S. 19) Das geht verloren. Das Publikum ist enttäuscht. Auch die charismatischste Figur ist nicht vollkommen. Niemand ist der übermenschliche Retter und Erlöser. Das bringt erst einmal eine große

Enttäuschung. Wen dann überhaupt noch wählen? Die Ergebnisse dieser Frustwahlen können wir in manchen Ländern beobachten. Aber auf Dauer ist die Ernüchterung heilsam, so ist meine Hoffnung.

Mir gefällt ein Spruch, den ich mal gehört habe und der zeigt, wie relativ unsere Klagen sind: „Wenn man bedenkt, dass später die Menschen einmal von der heutigen Zeit als der guten alten Zeit reden!" Wir alle sind Teil der heutigen Entwicklungen und Veränderungen. Gefahren und Chancen liegen dicht nebeneinander. Die in Kap. 1 beschriebene Achtsamkeit hätte nicht solche Bedeutung und Nachfrage erlangt, wenn nicht der Sog zur Ablenkung größer geworden wäre. Jede negative Entwicklung weckt Gegenkräfte. Gleichzeitig entwickelt sich die Menschheit insgesamt weiter zu Neuem und Besserem. So war es bisher immer. Warum sollte es jetzt anders sein?

> **Take-aways aus diesem Kapitel für Ihren Alltag**
>
> *Frank Behrendt*
> **Wie Sie es schaffen, sich digitale Auszeiten zu nehmen:**
> - **Auszeit zum Arbeiten:** Eine Kollegin von mir buchte regelmäßig den kleinen Konferenzraum in unserer Agentur. Als ich einmal aus Versehen in den Raum kam, saß da. Alleine. Kein Kunde weit und breit, die berühmten Kekse und Getränke waren auch nicht eingedeckt. Nur sie und ihr Notebook. Das Fenster war geöffnet, das Smartphone ausgeschaltet. Wir kamen ins Gespräch und sie berichtete mir von ihren „Sperrzeiten". Die richtete sie sich jede Woche ganz bewusst zwischen ihren anderen Terminen ein, um ungestört und handyfrei arbeiten zu können. Damit das Ganze nicht bei einem Vorsatz blieb, gab sie diesen Terminen einen offiziellen Anstrich, auch um sich selbst zu strukturieren. Gerade in der heutigen Arbeitswelt, wo immer mehr Raumkonzepte so aussehen, dass es meistens Gemeinschaftsflächen – gerne nett umschrieben als „Open Space" oder „Work-Bench" –

gibt, bei denen sich die Mitarbeiter ohne Kopfhörer kaum richtig konzentrieren können, machen die selbst verordneten Arbeitseinheiten in ruhigeren Gefilden absolut Sinn. Die besagte Kollegin trägt die Termine der „Sperrzeiten" auch in den für alle einsehbaren Terminkalender ein, um ungestört arbeiten zu können. „Konzepterstellung" steht dann darin. Sie erklärte mir, und es klang absolut plausibel, dass sie in einer ungestörten Stunde extrem viel erreiche. Probieren Sie es auch mal aus mit der Auszeit zum Arbeiten.

- **Handyfreie Zeiten:** Jeder, der auf Social Media unterwegs ist, wird bestätigen, dass die Beschäftigung mit den Tweets, Posts und Likes durchaus Suchtpotenzial hat und auch anstrengend ist. Auch professionelle Influencer, die ihr Geld mit Beiträgen im Netz verdienen, können ein Lied davon singen, dass die permanente Produktion von frischen Inhalten zu Ermüdungserscheinungen führen kann. Daher horchten viele auf, als Fitness-Ikone Sophia Thiel („Fit & stark mit Sophia") öffentlich erklärte, sich bis auf Weiteres aus dem Netz zurückzuziehen. Die 24-jährige Erfolgsunternehmerin, die aus ihrer persönlichen Abnehm-Story ein beeindruckendes Business-Modell gemacht hat, erklärte ihren Millionen von Followern auf Instagram, YouTube & Co., dass sie eine Pause benötigte: „Ich brauche Zeit, um zu mir zurückzufinden." (Kölner Stadtanzeiger online 2019) Alles, was für viele Außenstehende leicht, locker und nachahmenswert aussah, bekam plötzlich einen anderen Anstrich: „Es gibt immer zwei Seiten der Medaille", erklärte Thiel, „man verspürt immer den Druck, präsent zu sein und frischen Content zu produzieren." Starke ehrliche Worte zum temporären Abschied. Damit Sie nicht in diese digitale Burnout-Falle tappen, empfehlen sich digitale Pausen, zum Beispiel im Urlaub. „Wir hören und lesen uns wieder nach dem Sommer", twitterte im letzten Jahr ein ansonsten sehr aktiver Social-Media-Kommunikator. Eine andere verabschiedete sich mit den Worten: „Auch wenn ihr in den nächsten Wochen von mir nichts lest oder seht – es geht mir gut. Ich möchte nur einfach mal richtig abschalten." Es gab viele Likes. Und inspiriert durch Holly poste und twittere ich inzwischen in den Ferien auch nicht mehr. Beim ersten Mal war es noch ungewohnt, nach ein paar Tagen war es regelrecht befreiend. Aber auch hier gilt wie bei Pilotprojekten im Job: ausprobieren. Bei uns waren die Adventssonntage der Anfang. Wir stellten fest, dass es entschleunigend war, mal einen Tag ohne Smartphone zu verbringen. Dann wurde ein Wochenende auf Social Media verzichtet und dann kam der erste handyfreie Sommerurlaub. Es funktioniert. Probieren Sie es aus, das Leben geht weiter – vielleicht auch für Sie mit ganz neuen entspannenden Eindrücken mit freien Händen und einem auf das analoge Leben vor Ihnen fokussierten Kopf.

- **Löschen befreit:** Man muss nicht immer einen kompletten Schlussstrich ziehen, um sich mehr Freiheit zu verschaffen. Das gilt auch im Netz. Die Kunst der Reduktion hilft dabei, sich zu fokussieren und dadurch wertvolle Zeit einzusparen. Die Hohepriesterin der Ordnung, Marie Kondo, hat erfolgreich vorgemacht, wie man seinen Haushalt und damit auch sein Leben durch eine andere Ordnung effizienter regelt und damit ein höheres Maß an Zufriedenheit erlangt. Eine Maxime lautet ganz trivial, sich von Dingen zu trennen, „die keine Freude bereiten" (trend.at 2019). Diese „Magic Cleaning"-Methode lässt sich auf den Kontakt-Kosmos im Netz übertragen. Folgen wir nicht zu vielen Menschen und Institutionen? Sind diejenigen, denen wir folgen, wirklich inspirierend und bringen uns weiter? Sollten wir nicht auch im Digitalen immer mal wieder einen „Hausputz" vornehmen und unser Netzwerk überprüfen, ob jeder Kontakt, jedes Abo, jeder Newsletter etc. wirklich noch Sinn macht? Sie sind schließlich auch nicht mehr mit allen, mit denen Sie einst zur Schule gegangen sind, weiter in Kontakt. Auch Freundeskreise verändern sich im Laufe von verschiedenen Lebensphasen, wieso sollten digitale Netzwerke statisch bleiben? Ein Freund von mir hat kürzlich einen Tag damit verbracht, alle Newsletter und Push-Infos, die er irgendwann mal abonniert hatte, zu entfernen. Es war viel Arbeit, denn oft ist es gar nicht so leicht, die digitalen Infos wieder loszuwerden. Als er die Reinigung hinter sich hatte, hatte sich sein Mail-Eingang deutlich reduziert, er folgte auch weniger Menschen, Marken und Institutionen, auch alle Apps, die er in den letzten zwei Monaten nicht genutzt hatte, wurden gelöscht. „Ich konnte seit Langem mein Hintergrundbild mal wieder deutlich sehen", berichtete er mir stolz. Ich habe mir an ihm ein Beispiel genommen und einen Desktop-, Smartphone-, Newsletter- und Social-Media-Kontakt-Check durchgeführt. Es war befreiend, denn Löschen ist wie Kelleraufräumen. Ein paar digitale Freunde habe ich jetzt auch weniger, weil ich ihnen entfolgt bin und sie postwendend auch mir entfolgten. Aber es ist wie im Leben: Freundschaft sollte immer auf Gegenseitigkeit beruhen und kann keine Einbahnstraße sein. In diesem Sinne: Viel Spaß beim digitalen Aufräumen. Denken Sie an Marie Kondo und behalten Sie auch im „Digital Home" nur, was sinnvoll ist – und idealerweise auch noch Freude macht.

- **Fokus-Slots einrichten:** Wer kennt sie nicht, die obercoolen Player, die vorgeben, alles gleichzeitig zu können. „Multitasking", posaunen sie einem entgegen, begleitet von einem mitleidigen Lächeln für uns bedauernswerten Anderen, die wir das vermeintlich nicht können. Dabei haben diverse Wissenschaftler herausgefunden, dass es eher hinderlich ist, wenn man sich nicht auf seine Kernaufgabe fokussiert, sondern Unterbrechungen zulässt. Ein Forschungsteam der University of Michigan (eurekalert.org 2013) ließ zwei Gruppen von Personen an derselben Aufgabe arbeiten. Gruppe 1 wurde dabei nicht gestört, Gruppe 2 bekam eine Information, die lediglich drei Sekunden dauerte, während ihres Lösungsprozesses eingespielt. Das Ergebnis war eindeutig: Die Probanden aus der zweiten Testgruppe schnitten viel schlechter ab und hatten in ihren Lösungen doppelt so viele Fehler wie die Teilnehmer aus der ungestörten Arbeitsgemeinschaft. Die Wissenschaftler schlossen daraus, dass selbst minimale Unterbrechungen uns durcheinanderbringen, wenn wir gerade dabei sind, an der Lösung einer Aufgabe zu arbeiten. Deshalb ist es ein guter Tipp – Bertold Ulsamer hat es mit seinem Hinweis auf „Deep Work" schön beschrieben –, sich intensiv mit einem Thema zu beschäftigen und dabei zu versuchen, jede Form von Ablenkung zu vermeiden. Auch das Smartphone – selbst wenn es sich im Lautlos-Modus befindet –, ist ein permanenter Störenfried. Deshalb: Schalten Sie das Smartphone komplett aus, legen sie es am besten auch weg, sodass sie es gar nicht im Sichtfeld haben. Wenn Sie ein Büro haben, bei dem Sie die Tür schließen können – machen Sie sie zu und informieren Sie die Kollegen rundherum, die ansonsten gerne mal für einen Plausch oder eine Frage hereinkommen. Auch eine saubere Kommunikation ist ein sehr probates Hilfsmittel, um sich Konzentrationsphasen zu schaffen. Eine frühere Kundin von mir nutzte als Verstärker für ihren Wunsch, eine Zeitlang ungestört arbeiten zu können, ein kleines Äffchen. Hing es von außen an der Türklinke, wollte sie fokussiert arbeiten und nicht gestört werden. War das Äffchen nicht zu sehen, durfte man reinkommen, auch wenn die Tür geschlossen war. Dann war sie im „Standby"-Modus, wie sie es nannte. Einfach, aber wirkungsvoll. Wer mit einer längeren Fokussierungsphase ohne digitale Devices seine Probleme hat, kann sich erst einmal kürzere Fokus-Slots einrichten. Stellen Sie sich auf dem im Flugmodus betriebenen Smartphone den Wecker. Zwanzig oder dreißig Minuten hochkonzentriertes Nachdenken oder Formulieren sind besser als nichts. Wenn der Wecker klingelt, dürfen Sie auf dem Handy wieder mal kurz die Lage checken, bevor Sie eine neuerliche Fokusphase einläuten. Ich kenne „süchtige" Smartphone-Jünger, die mit dieser Methode ihre Fokusphasen mit ausgeschaltetem Handy deutlich hochgeschraubt haben. Einer begann allerdings mit fünf Minuten, denn länger konnte er sich früher nicht vorstellen, nicht aufs Display zu schauen. Heute schafft er locker zwei Stunden. Check it out!

Literatur

Altmeyer M (2016) Auf der Suche nach Resonanz. Wie sich das Seelenleben in der digitalen Moderne verändert. Vandenhoeck & Ruprecht, Göttingen

Arbor A (2018) Neue Studie. Was es mit Kindern macht, wenn Eltern ständig aufs Smartphone schauen, 20.06.2018. https://www.berliner-zeitung.de/familie/neue-studie-was-es-mit-kindern-macht%2D%2Dwenn-eltern-staendig-aufs-smartphone-schauen-30653472. Zugegriffen am 20.06.2019

Bitkom Studie (2019) Mit 10 Jahren haben die meisten Kinder ein eigenes Smartphone, 28.05.2019. https://www.bitkom.org/Presse/Presseinformation/Mit-10-Jahren-haben-die-meisten-Kinder-ein-eigenes-Smartphone. Zugegriffen am 06.06.2019

Bleuel N, Heinen N, Stelzer T (18. März 2019) Wir waren mal schlauer. DIE ZEIT, Nr. 14, S 13–15

Bos C (2018) „Der Teufel": Warum Facebook-Managerin ihren Kindern das Smartphone verbietet, 30.10.2018. https://www.ksta.de/kultur/-der-teufel--warum-facebook-managerin-ihren-kindern-das-smartphone-verbietet-31513782. Zugegriffen am 17.01.2020

Eagleman D (2012) Inkognito. Die geheimen Eigenleben unseres Gehirns. Campus, Frankfurt/New York

Enzensberger HM (2014) Enzensbergers Regeln für die digitale Welt: Wehrt Euch! Aktualisiert am 28.02.2014-16:34. https://www.faz.net/aktuell/feuilleton/debatten/enzensbergers-regeln-fuer-die-digitale-welt-wehrt-euch-12826195.html?GEPC=s5&m. Zugegriffen am 02.06.2019

eurekalert.org (2013) Even brief interruptions spawn errors, 07.01.2013. https://www.eurekalert.org/pub_releases/2013-01/msu-ebi010713.php. Zugegriffen am 30.08.2019

Flynn JR (1987) Massive IQ gains in 14 nations: what IQ tests really measure. Psychol Bull 101(2):171–191

Franck G (1998) Ökonomie der Aufmerksamkeit. Ein Entwurf. Carl Hanser, München/Wien

Generation Z (2019) Wikipedia. Zugegriffen am 02.07.2019

Grünewald S (2019) Wir haben in Deutschland ein großes Wertschätzungsproblem, Gespräch mit Schäfer L am 22.03.2019. https://www.focus.de/kultur/leben/psychologe-stephan-gruenewald-wir-haben-in-deutschland-ein-grosses-wertschaetzungsproblem_id_10492783.html. Zugegriffen am 06.06.2019

Harari YN (2017) „Wir werden Götter sein" im Gespräch mit Guido Mingels, 18.03.2017. https://www.spiegel.de/spiegel/print/d-150112490.html. Zugegriffen am 10.03.2019

Holloway S, Hornstein H (März 1977) Gute Nachrichten Gute Menschen. Psychologie heute

Kölner Stadtanzeiger online (2019) Bin auch nur ein Mensch, 01.06.2019. https://www.ksta.de/ratgeber/gesundheit/-bin-auch-nur-ein-mensch%2D%2Dburnout%2D%2D-fitness-influencerin-sophia-thiel-ist-ausgebrannt-32627488. Zugegriffen am 30.08.2019

Newport C (2017) Konzentriert arbeiten: Regeln für eine Welt voller Ablenkungen. Redline, München

Newport C (2019) Digitaler Minimalismus: Besser leben mit weniger Technologie. Redline, München

Pinker S (2013) Gewalt. Eine neue Geschichte der Menschheit. Fischer, Frankfurt am Main

Pörksen B (2018) Die große Gereiztheit: Wege aus der kollektiven Erregung. Cart Hanser, München

Ramge T (März 2019) Bit für Bit. Brand eins

Reumschüssel A (Feb. 2019) Fokus: Das Ziel im Blick. GEO

Spiegel online (2019) Alkohol, Medikamente, Glücksspiel: So süchtig ist Deutschland, 17.04.2019. https://www.spiegel.de/gesundheit/ernaehrung/alkohol-medikamente-gluecksspiel-so-suechtig-ist-deutschland-a-1263346.html. Zugegriffen am 05.06.2019

trend.at (2019) Magisch Aufräumen, 6 Schritte für mehr Ordnung mit Marie Kondo, 18.01.2019. https://www.trend.at/branchen/karrieren/magisch-aufraeumen-japanisch-konmari-methode-6190831. Zugegriffen am 30.08.2019

10

Selbstliebe, oder: Ich will so bleiben, wie ich bin

Die Welt verändert sich und die Menschen naturgemäß auch. Aber auch in unseren natürlichen, altersbedingten Lebenszyklen sollen wir uns stetig optimieren. Wer mit sich im Reinen ist, kann sich einen Teil der Change-Prozesse sparen und lieber mehr leben. Jetzt!

Frank Behrendt
Sie haben mittlerweile festgestellt, dass mich meine jüngste Tochter täglich zum Lachen, zum Nachdenken und vor allem weiterbringt. Es gibt vieles, was ich an ihr bewundere, aber doch ist da eine Haltung in diesem kleinen Wesen, die alles andere noch einmal toppt: Holly ruht in sich, auch wenn sie extrem quirlig und unfassbar neugierig ist. Sie ist klar in ihren Gedanken und ihrer Haltung. Und: Sie will so bleiben, wie sie ist. „Lasst mich in Ruhe, ich mache das, wie ich es will", ist ein Satz, den meine Frau und ich dauernd hören.

„So ein Dickschädel", sagt die eine Oma. „Ein richtiger Sturkopf", sagt die andere. „Großartig", sage ich. Rückblick: Anfang der 1980er-Jahre an der Nordseeküste. Ich lag auf der Couch im Haus meiner Eltern und wartete auf den Beginn der Sportschau. Im Werbeblock lief ein TV-Spot für eine Halbfettmargarine, „Du darfst". Die Werber der damaligen Top-Agentur Lintas aus Hamburg hatten ihn für Unilever kreiert. Nun war ich als dünner Hering überhaupt nicht die Zielgruppe, aber dennoch zog mich der einprägsame Satz sofort in seinen Bann: „Ich will so bleiben, wie ich bin", trällerte eine angenehme Frauenstimme zur Musik von „Dolce Vita", dem größten Hit des italienischen Sängers Ryan Paris. Eine smarte Frau tänzelte dazu durch die Stadt und war offenbar extrem zufrieden mit sich. Ob das jetzt einzig und allein an der besungenen Halbfettmargarine lag, bezweifelte ich schon damals, aber die Botschaft gefiel mir und den Song habe ich auch heute noch im Ohr. Jede Menge Wellen sind seit meinem ersten Du-darfst-Erlebnis über die Welt hereingebrochen und spülten diverse Ernährungs-, Style- und Wellness-Trends an. Die Grundbotschaft war dabei immer deckungsgleich: Ändere was, damit es dir besser geht. Bloß nicht so bleiben, wie man ist, das wäre ja Stillstand und damit ein Verharren im traurigen Status quo. Nun will ich nicht verhehlen, dass vieles bei vielen optimierungsbedürftig ist. Aber die Frage ist doch, ob man nicht zuvor schon einmal einen Zeitpunkt erreicht hatte, an dem man mit sich zufrieden war.

Mein viel zu früh verstorbener Freund Klaus sagte immer sehr treffend: „Bei vielen Leuten wünsche ich mir, sie werden wieder die, die sie mal waren." Zu oft hatte er erlebt, wie Erfolg, Geld oder auch Frust Menschen veränderte. Nicht zum Positiven. Warum es erstrebenswert ist, mit sich selbst ins Reine zu kommen, und wie man es schafft, so zu bleiben, wie man ist, davon handelt dieses Kapitel.

Holly findet sich jetzt schon total klasse und ich wünsche ihr sehr, dass sie das ihr ganzes weiteres Leben von sich so sagen kann, auch wenn uns diese extrem selbstbe-

10 Selbstliebe, oder: Ich will so bleiben, wie ich bin

wusste Haltung im Hier und Jetzt des Öfteren einige Probleme beschert – in der Schule etwa, wenn wir beim Elternsprechtag mal wieder die Botschaft aufs Butterbrot geschmiert bekommen, dass unsere Tochter manchmal nicht ganz bei der Sache ist: „Ich habe oft das Gefühl, dass Holly im Unterricht mit ihren Gedanken ganz woanders ist und träumt", erklärte mir eine Grundschullehrerin mit sehr ernster Miene.

Beim Abendessen, traditionell der Zeitpunkt, an dem wir alle Familienangelegenheiten besprechen, erzählten wir unserer Tochter von dem Eindruck ihrer Lehrerin. Holly versuchte erst gar nicht, irgendetwas zu entschuldigen, sie gab es direkt zu. Auch das finde ich bemerkenswert in der heutigen Ausreden-Welt. Es wäre ihr schon mal langweilig in der einen oder anderen Stunde, dann würde sie eben an was anderes denken – und träumen, zum Beispiel von einem Geschäft, das sie später einmal haben möchte. Da soll es nur ganz tolle Sachen geben, die ihr selbst gefallen und damit bestimmt auch anderen.

Statt sie zu ermahnen, künftig im Unterricht mehr aufzupassen, habe ich mit ihr einen Namen für das Geschäft entwickelt: „Holly's Happiness Home". Sie hat dann ein Logo gemalt mit drei bunten „Hs" in einer Rakete. Oben in der Spitze ist ein glücklich lachendes Gesicht zu sehen.

Bertold Ulsamer

„Warum es erstrebenswert ist, mit sich selbst ins Reine zu kommen, und wie man es schafft, so zu bleiben, wie man ist". Über diesen Satz in Hollys Geschichte habe ich mir lange den Kopf zerbrochen. Okay, mit sich selbst ins Reine kommen, dagegen hat wohl niemand etwas einzuwenden, auch wenn noch gar nicht klar ist, was gemeint ist. Deshalb später dazu mehr. Aber es zu schaffen, so zu bleiben, wie man ist – ist das möglich? Wie soll das nur gehen?

Leben ist Veränderung

Das Leben verändert sich und uns unaufhörlich. Es ist ein ewiges Werden und Vergehen. Dabei kann keine Pflanze wieder der Sprössling werden, der sie einmal war. Keine Kuh wird wieder zum Kalb und kein Hund wird wieder zum Welpen, so sehr es sich der Besitzer auch wünscht. Wachsen ist eine Bewegung, die nie zurückführt. Und sie endet irgendwann mit dem Tod. Deshalb ist es klar, dass Sie nicht mehr derjenige sind, der Sie vor zwanzig Jahren waren. Keiner hat es kürzer als Bertold Brecht mit seiner Geschichte über Herrn K. auf den Punkt gebracht:

> *„Ein Mann, der Herrn K. lange nicht gesehen hatte, begrüßte ihn mit den Worten: ‚Sie haben sich gar nicht verändert.' ‚Oh!' sagte Herr K. und erbleichte."* (Brecht 1971)

Was freuen wir uns oft, wenn alte Bekannte nach langer Zeit beteuern, wir sähen noch genauso aus wie damals. „Kein bisschen gealtert!", „Immer noch so dynamisch!" Fällt Ihnen auf, dass das Wörtchen „noch" wie ein Damoklesschwert über Ihnen hängt? Herr K. ist daran nicht interessiert, ihm geht es um das Fortschreiten. Nicht-Veränderung ist Stillstand und Leblosigkeit. Deswegen erbleicht er.

„Gehirne sind wie einmalige Schneeflocken. Die vielen Billionen Verknüpfungen in deinem Gehirn sind ständig in Veränderung. Ihr Muster ist einzigartig, das heißt, es hat nie jemanden gegeben, der oder die genauso war wie du, und es wird nie so jemanden geben. Was du jetzt als dein Bewusstsein erfährst, ist vollkommen einmalig. Und weil sich das Gehirn ständig verändert, verändern auch wir uns ständig. Wir stehen nie still. Von der Wiege bis zur Bahre sind wir ein unfertiges Projekt." (Eagelman 2017, S. 40)

10 Selbstliebe, oder: Ich will so bleiben, wie ich bin

Sie selbst sind anders als vor zehn Jahren. Und auch anders als vor fünf Jahren. Besser oder schlechter? Es gibt darüber die Urteile von anderen und die eigenen. Alte Freunde mögen sich wundern: „Mein Gott, was ist aus dem geworden?!" Reichtum, Macht, Einfluss verändern Menschen, aber auch Krankheit, Scheidung, Todesfälle. „Früher war sie anders! Freundlicher, hörte besser zu. Und heute!" Dann fällt die Außenwelt ein negatives Urteil und wünscht sich das Gegenüber wieder zurück in den alten Zustand. Ach, wäre jemand wieder der, der er einmal war (vorausgesetzt eben, wir mochten damals die Person so, wie sie war).

Aber es gibt auch die entgegengesetzte Entwicklung. „Mein Gott, war die früher steif und gehemmt. Und jetzt geht sie auf einmal offen auf Leute zu. Und ist auf einmal so aufmerksam zu anderen!" Wie gut, dass sie nicht die geblieben ist, die sie einmal war, denken wir uns dabei.

Mein Bild von grundlegenden persönlichen Veränderungen sieht so aus: Es gibt nur zwei große Richtungen. Die eine führt zu mehr Enge, Härte, Angst und Spannung und die andere in Richtung Offenheit, Entspannung und Freundlichkeit. Wer glaubt, er verharrt im Stillstand, bemerkt wahrscheinlich nicht die schleichende negative Verengung. Dabei geht das tiefste Streben in die Richtung nach mehr Weite. Jeder sehnt sich danach, offener, entspannter und liebevoller zu werden. Denn so fühlt man sich selbst am besten und mit sich (im tiefsten) in Einklang. Aber manchmal gibt es so viele Prägungen und schlechte Erfahrungen, dass der Weg dahin (noch) blockiert ist.

Ich entdecke die schon beschriebene versteckte Loyalität zum familiären Leid in der Vergangenheit bei so vielen, die mit Problemen zu mir kommen. Inzwischen komme ich mehr und mehr zu der Überzeugung, dass es meist das ist, was jemand nicht in die positive Wachstumsrichtung und natürliche Entspannung gehen lässt. Wenn wir wüssten und sähen, was für Lasten aus der Vergangenheit (eigene und familiäre) der Einzelne wirklich trägt, wären wir viel verständnisvoller! Für das, was sie bewältigen müssen, machen es die Einzelnen noch ganz gut. Das sehe ich in jeder Therapie. Negative Urteile kommen aus Unverständnis und Überlegenheitsgefühlen.

Und wie erleben die Betreffenden ihre Veränderung in Richtung Enge? Viele hatten ja als Kind auch die Unbekümmertheit und Lebenslust von Holly. Oft schleicht sich der Wandel dann klammheimlich ein. Erst geht eine kleine Portion der Fröhlichkeit und Lebensbejahung verloren, dann wieder ein kleines bisschen mehr – alles noch scheinbar im grünen Bereich. Hervorragende Beispiele bietet dafür das Beziehungsleben.

Wir rechtfertigen das vor uns selbst. Das Leben ist kein Zuckerschlecken! Als Kinder haben wir gelernt, dass es so etwas wie den „Ernst des Lebens" gibt. Der hat die Erwachsenen fest im Griff und wartet begierig auf die kleinen Kinder, um ihnen dann zu zeigen, was im Leben wirklich zählt. Von einer Fröhlichkeit und Herzlichkeit des Lebens, die auf einen wartet, hat keiner gesprochen. Dementsprechend rechnen wir nicht damit, mit den Jahren bunter und farbenfroher (pink!) zu werden, sondern eher ein bisschen resignativ grau. Nur die rote Krawatte darf hervorstechen. Und das Verblassen hört nicht auf, es geht so weiter. Wer kennt nicht diese berühmten Frösche, die vergessen, aus dem Topf herauszuspringen, solange das Wasser nur ganz langsam zum Kochen gebracht wird! Ich weiß ja nicht, ob die Geschichte wahr ist, aber zumindest gut erfunden, denn sie deckt sich mit den eigenen Erfahrungen.

Dazu kommt, dass die natürliche Kraft und Vitalität nie gleich bleibt. Sie strebt in den jungen Jahren auf einen Gipfel zu, bleibt dann eine Weile und unmerklich nimmt sie wieder ab. Die gewonnene berufliche Erfahrung gleicht

10 Selbstliebe, oder: Ich will so bleiben, wie ich bin

dann vieles aus, man schaue die Top-Spieler der Bundesliga an, die über 35 sind. Aber auch deren Karriere geht vorbei.

Mein todsicherer Tipp, wie Sie sich unglücklich machen können: Vergleichen Sie sich selbst mit sich in den früheren guten Zeiten. An die schlechten Momente denken Sie dabei nicht! „Ja, damals noch …", fangen Sie an, in Ihren Erinnerungen zu schwelgen. „Und heute …", fahren Sie fort und suchen sich die schwärzesten aktuellen Situationen aus. Ich garantiere Ihnen, Sie fühlen sich sofort schlechter! Sacken Sie weiter ab ins Jammern, Lamentieren oder in die Träume von der wunderschönen Jugendzeit (die allerdings sicher nicht wiederkommen wird). Resignation und Depression folgen auf dem Fuß. Am besten nutzen Sie diese Methode, wenn Sie sich einmal zu gut fühlen und Angst bekommen, dass es so bleiben könnte.

Sie haben also die Fähigkeit, sich unglücklich zu machen. Klüger ist es, sich zu fragen, wie Sie die Richtung umkehren können. Nicht um derselbe zu werden, der Sie einmal waren. Sondern um der zu werden, der Sie jetzt sein könnten. „Mein Gott, was ist denn in den gefahren? Der war doch immer so verbissen und nur an der Arbeit interessiert. Und heute lässt er auch mal fünfe gerade sein. Richtig locker. Hätte ich nie von ihm erwartet! Neulich hat er sogar mal gelächelt."

Holly ist klar in ihren Gedanken und ihrer Haltung. Und: Sie will so bleiben, wie sie ist. „Lasst mich in Ruhe, ich mache das, wie ich es will". Kinder wünschen sich Freiheit. Sie erleben so viele Einschränkungen durch die Erwachsenen und deren Welt. Endlich groß sein und dann tun und lassen dürfen, was man will, das ist der Kindertraum! Ich erinnere mich noch, ich hatte ihn auch. Und dann erlebte ich als Erwachsener, wie ich mir mein eigenes Gefängnis durch all meine Pläne und Ziele baute. Das war die schleichende Verengung, von der ich oben sprach. Da kommt ein Impuls, nach draußen zu gehen und das schöne Wetter zu genießen. Wo früher ein Elternteil fragte „Hast du auch schon deine Hausaufgabe gemacht?", da sagt heute der innere Antreiber „Aber vorher musst du dieses Kapitel von dem Buch fertigschreiben!" Und dann ist die spontane Lust wieder weggedrückt und kommt so auch nicht wieder.

Dabei blickt jeder auf eine lange persönliche Geschichte zurück. „Räum deine Kleider auf!", „Sei nicht so egoistisch, sondern teil deine Spielsachen!", „Mach erst deine Schularbeiten!", „Hör auf, eingeschnappt zu sein!" Solche Regeln sind uns über lange Jahre eingetrichtert worden. Wenn wir dem folgten und brav waren, wurden wir als Kind gemocht und gelobt. Dann fühlten wir uns geborgen und waren glücklich. Heute haben sich die Ideen geändert. Für das moderne Kind gilt: „Entscheide selbst darüber, was du willst!", „Sei kreativ!", „Zeige, wie einzigartig du bist!", „Lass dir von keiner Autorität etwas sagen!", „Mach, dass deine Eltern stolz auf dich sind!" Es ist ein anderer Druck, vielleicht ein bisschen leichter, aber auch er wird verinnerlicht und muss dann später bewältigt werden.

Nichts gegen besorgte Eltern und nützliche innere Antreiber. Aber wo ist die tatsächliche Freiheit des Erwachsenen geblieben? Wann hat Sie bei Ihnen Raum? Wie weit folgen Sie Ihren spontanen Impulsen? Wann fühlen Sie sich wirklich frei?

Mit sich ins Reine kommen

Kommen Sie mit sich ins Reine, sparen Sie sich die Change-Prozesse und leben Sie lieber mehr. Jetzt! Das sind markante Sätze, die etwas auf den Punkt bringen wollen, was ein riesiges Thema ist. 45 Jahre lang engagiere ich mich dafür – persönlich und beruflich. Und bin immer noch auf

10 Selbstliebe, oder: Ich will so bleiben, wie ich bin

dem Weg. Das ist die Richtung zu mehr Weite, Entspannung und Freiheit. Wie geht dieser Weg? Hier der Versuch eines Schnellkurses.

Essenziell: Erkenne dich selbst! Wie wollen Sie mit sich im Reinen sein, wenn Sie sich ständig in die Tasche lügen oder verstellen? Welche Seiten in sich, welche Gedanken, welche Gefühle, welche Motive haben Sie noch nicht gesehen oder akzeptiert? All das versteckt sich in den persönlichen Schwachpunkten und blinden Flecken. Dabei konfrontiert Sie die Umwelt eigentlich ständig damit, sei es am Arbeitsplatz, in der Beziehung oder bei den Kindern. Andere drücken gnadenlos immer wieder auf Ihre wunden Punkte.

Sie können das natürlich nach Kräften ignorieren und sich wegducken. Oder Sie können es als Einladung nehmen, zu bestimmten Seiten Ihres Wesens zu schauen, mit bestimmten Erfahrungen Ihrer Vergangenheit in Frieden zu kommen. Dabei ist mein Eindruck, dass bestimmte Lebensthemen hartnäckig so lange auftauchen, bis sie gesehen werden. There is no escape.

Mitte Zwanzig entdeckte ich die Selbsterforschung als spannendes Thema und machte sie zu meinem lebenslangen Hobby. Ein Schlüsselerlebnis hatte ich in der ersten Therapiegruppe, an der ich teilnahm. Als Thema hatte ich Schwierigkeiten in meiner Beziehung mitgebracht, in der ich recht unehrlich war und viel verheimlichte. Warum? Ich wollte meiner Freundin nicht wehtun, erklärte ich. Und dann brach in meiner Sitzung eine solche Riesenwut auf das ganze weibliche Geschlecht aus mir heraus! Ich hatte mir also etwas vorgemacht. Ich war gar nicht so nett und harmlos. Da gab es also auch noch andere Schichten. Das war der Start. Und seitdem entdecke ich mehr und mehr – und gleichzeitig wächst die Entspannung und Zufriedenheit.

Eigentlich ist es einfach: Wenn Sie in einer Situation unangemessen mit Ihren Gefühlen reagieren, dann ist ein Teil der aktuellen Emotion berechtigt und ein anderer, oft größerer, Teil der Ladung kommt aus der Vergangenheit. Ihr Vorgesetzter (oder Ihre Frau) ermahnt Sie wegen eines kleinen Fehlers. Sie reagieren heftig wütend oder schuldig oder deprimiert oder … Dann rührt ein kleiner Teil des Ärgers aus der Situation, der größere Teil kommt daher, dass Sie sich (unbewusst) an eine Situation aus Ihrer Kinderzeit erinnern. Und da war die heftige Reaktion passend.

Wenn Sie das erkennen und die Gegenwart von der Vergangenheit unterscheiden, werden Ihre aktuellen Reaktionen angemessener. Das ist jetzt vielleicht leichter gesagt als getan, aber es ist einen Versuch wert. Auf einem guten Weg sind Sie, wenn das innere Davonlaufen langsamer wird. Selbst die folgende Einsicht bringt Sie Ihrem Inneren näher: „Ja, ich vermeide bestimmte Themen, weil die mich (noch) überfordern. Ich gehe dem aus dem Weg. In diese Ecke meines Lebens will ich (noch) nicht schauen." Das ist ein gewaltiger erster Schritt zur Selbsterkenntnis. Damit ist jemand mehr mit sich im Reinen als vorher. Denn es sind ja nicht die schönen positiven Seiten von einem, mit denen es schwerfällt, ins Reine zu kommen – es sind genau die anderen.

Das ist etwas anderes als die aktuelle Selbstoptimierung. Die treibt an und vorwärts, sucht die Perfektion und Exzellenz. Das ist ein gesunder, urmenschlicher Antrieb und bringt immer wieder erstaunliche Resultate. Nichts dagegen einzuwenden also. Nur wird sie als dauerhafter durchgängiger Wesenszug anstrengend. Entspannung erlangen Sie auf diese Weise nicht. Ja, kurzzeitige Zufriedenheit, wenn Sie ein kleines Teilziel erreicht haben. Aber das nächste Ziel, die nächste mögliche Optimierungsidee wartet ja schon hinter der nächsten Ecke.

10 Selbstliebe, oder: Ich will so bleiben, wie ich bin

„ICH will mit MIR ins Reine kommen". In diesem Satz kommen zwei unterschiedliche „Ichs" vor. Das eine will etwas, nämlich mit dem anderen ins Reine kommen. Wie sehen diese beiden „Ichs" bei Ihnen aus? Haben Sie eine Idee oder Vorstellung? Ist das die gleiche Spaltung wie bei dem Satz „ICH will MICH mehr beherrschen." Wer will wen oder was beherrschen? Wir gebrauchen solche Sätze so unbefangen und hören uns dabei gar nicht genau zu. Eine eigentlich recht mysteriöse Ausdrucksweise. Bei der SELBSTbeherrschung scheint da ja kein guter Kern tief drinnen, sondern eher etwas Unberechenbares oder sogar Gefährliches. Denn dieses „Selbst" muss ja beherrscht, also wohl auch unterdrückt werden, nicht etwa freundlich angeleitet oder liebevoll ermahnt. Bei dem Satz „Ich will mit mir ins Reine kommen" scheint es eher umgekehrt. Da ist dieses „Ich" in der Tiefe eher ein Sehnsuchtsort.

Zurück noch einmal zur SELBSTbeherrschung (Ulsamer 2014, S. 24 f.). Sie wird als Kind erlernt und bildet nur den Sockel eines Fundaments, das beim Erwachsenen zu einer mehr oder weniger selbstverständlichen Grundlage geworden ist. Das gesellschaftlich Lebensnotwendige ist jetzt verinnerlicht. Sie gehen nicht ohne Kleider vor die Haustür, Sie essen im Restaurant mit Messer und Gabel und wenn im fließenden Verkehr die Ampel auf „Rot" schaltet, tritt Ihr Fuß automatisch auf die Bremse. So weit, so gut.

Aber auf diesem Fundament empfinden Sie (noch) keine Freiheit. Denn Sie entfalten sich nicht in blühender Lebendigkeit, sondern Sie stehen da angespannt, ja, bisweilen versteinert. Der Selbstzwang hat sich verselbstständigt und treibt Sie weiterhin an. So, als ob er ein Wert an sich wäre. Wenn Sie mit sich ins Reine kommen wollen, zwingen Sie sich weniger, sondern beginnen Sie, freundlicher mit sich zu sein.

Schwächen akzeptieren[1]

Selbsterkenntnis geht am besten Hand in Hand mit Selbstfürsorge. Die Selbstoptimierung will alles ausmerzen, was ihr im Weg steht. Mängel und Schwächen? Gegen die gilt es doch, streng und unablässig anzukämpfen. Falsch! Sie müssen Ihre Fehler nicht lieben, aber mit ihnen in Frieden kommen. Am besten auf eine fürsorgliche und freundliche Art.

Mein Ratschlag: Lassen Sie sich mehr auf das ein, was Sie als Ihre Schwächen bezeichnen. Tugenden und Untugenden sind unter den Menschen ungleichmäßig verteilt. An beiden Polen gibt es die Ausnahmeerscheinungen. Auf der Seite der Tugend eine Mutter Teresa als Vorbild für Nächstenliebe und Aufopferung. Am Gegenpol der Untugend findet sich dann jemand wie Adolf Hitler. Aber selbst die Tugendhaftesten haben kleine Mängel und Schwächen – ich hoffe, ich trete mit dieser Behauptung Mutter Teresa nicht zu nahe –, genau wie Sünder und Verbrecher ein paar wenige gute Eigenschaften haben. Selbst Hitler mochte seinen Schäferhund und kümmerte sich um seine Verwandten.

Zwischen diesen extremen Gegensätzen erstreckt sich das breite Mittelfeld, in dem wir Normalsterbliche uns tummeln. Weder ein Muster an Vortrefflichkeit noch ein abschreckendes Beispiel für das Laster. Also ein buntes Gemisch aus Tugenden und Untugenden. Wenn wir uns selbst beurteilen, rücken dabei mehr die guten Seiten in den Vordergrund. Die negativen Züge nehmen wir eher bei anderen wahr, beim Partner, den Kindern, Nachbarn und Mitarbeitern. Wenn uns schließlich doch eine ungute Eigenschaft bei uns auffällt, wehren wir die Wahrnehmung

---

[1] Teile aus den folgenden Abschnitten in diesem Kapitel sind schon erschienen in Ulsamer 2014: Schwächen akzeptieren (Ulsamer 2014, S. 17–20), Dem Leben vertrauen (Ulsamer 2014, S. 47–49).

ab und versuchen, die Eigenschaft nach Kräften zu übersehen oder zu unterdrücken.

Was sind überhaupt „Fehler"? In einer Art Gehirnwäsche hat man Ihnen beigebracht: Wenn Sie sich auf die eine Weise verhalten (zum Beispiel fleißig, ehrgeizig usw.), sind Sie richtig, und wenn Sie anders sind (zum Beispiel langsam, antriebslos), sind Sie falsch. Es sind gesellschaftliche Werte, wie man erfolgreich, angesehen und beliebt wird.

Sie haben diese Werte verinnerlicht und deshalb streben Sie danach und versuchen, das andere auszurotten. Je radikaler Sie vorgehen, desto mehr gehen – als Kollateralschäden – Spontaneität Freude, Lebendigkeit und Liebe verloren. Ein großer Teil Ihrer Lebendigkeit blüht in den Seiten Ihres Wesens, die Sie ablehnen. Viel von Ihrer Vitalität wohnt in Ihren „Fehlern" und „Schwächen" und kann sich nur daraus wieder entfalten.

Heute hat sich der christliche Begriff von Sünde aus der breiten Gesellschaft zurückgezogen. Grund zur Entwarnung? Leider nein. An die Stelle der klassischen Sünden treten die modernen. Zwar sind das nicht solche, die einen ewig in der Hölle schmoren lassen. Der Teufel, der den Sünder nach seinem Ableben in kochend heißen Töpfen mit dem Dreizack piesackt, hat sich verkleinert. Doch dafür hat er sich in den Alltag geschmuggelt. Hier piesackt er dann voll Genuss – wie eh und je. Ein andauerndes Fegefeuer!

Sünden sind heute die kleinen Verstöße gegen die Tugend. Für die einen die Tafel Schokolade während der Diät, für andere (Vegetarier) das heimlich genossene Steak, für dritte die verstohlene Suche nach Pornos im Internet. Ob es das Überziehen des Kontos ist, der Spontankauf von etwas Unnützem oder der nicht gehaltene Vorsatz, nach der Arbeit Sport zu machen – das schlechte Gewissen liegt bei vielen über dem Alltag wie eine lähmende Nebelwolke. Die gezielte, völlige Abtötung des Fleisches gehört der Vergangenheit an. Heute geht es um feine, permanente Überwachung und Wachsamkeit. Das Fleisch darf lebendig bleiben, aber – bitteschön – stark kontrolliert!

Es ist nicht schwer, Ihren Lebensfunken anzupusten. Bringen Sie ab und zu den Mut auf, gegen den inneren Erzieher zu handeln, indem Sie neugierig einem spontanen Wunsch oder Impuls folgen. Nicht als trotzige, verbissene Rebellion, sondern als wissbegieriges Experimentieren und Vorwärtstasten im Neuland. Bremsen Sie sich immer wieder einmal dabei, etwas zu tun, wogegen Sie einen Widerwillen verspüren – selbst, wenn er nur leicht ist. Unlust ist ein Indiz, dass Ihre Lebensfreude Sie woanders hinführen möchte. Aus den Erfahrungen, die Sie so mit sich machen, lernen Sie. Natürlich geht manchmal etwas schief. Das abgedroschene „no risk – no fun" passt hier eigentlich ganz gut. Innerlich entspannen Sie dabei. Der Kampf mit sich selbst hört allmählich auf. Sie können mehr und mehr Ihrer Spontaneität und Ihren Impulsen vertrauen.

Vielleicht sind Sie noch nicht ganz überzeugt. Ist es denn wirklich für einen intelligenten Menschen möglich, seine Fehler zu akzeptieren, nichts dagegen zu tun UND zufrieden zu sein? Braucht es nicht die Selbsterziehung und Kultivierung? Die halbe Stunde Gymnastik oder Meditation, das Joggen? Die Selbstdisziplin angesichts der Schokolade, die Selbstbeherrschung angesichts eigener Wutanfälle? Kann jemand glücklich sein, der fett und faul den ganzen Tag Chips essend und biertrinkend vor der Glotze liegt? Und der dann noch die anpöbelt, die ihn dabei stören wollen? Unmöglich! Wir brauchen doch Anstrengung und Kampf, gegen all die Fehler und unzähligen Untugenden, die sich überall breit machen.

Doch das ist ein Denkirrtum – auch wenn Sie sich noch so sehr an die Vorstellung der Dauerbemühung gewöhnt haben. Keine Katze liegt fett und faul den ganzen Tag in der Sonne herum, es sei denn, sie ist von Menschen dazu ver-

10 Selbstliebe, oder: Ich will so bleiben, wie ich bin

dorben worden. Trägheit, Rücksichtslosigkeit oder Ausschweifungen sind keine natürlichen Glückszustände, sondern nur der traurige Versuch eines Ersatzes.

Jeder weiß eigentlich, wie zufriedenstellendes Handeln aussieht. Als kluger Mensch bemühen Sie sich, Situationen gut und besser zu gestalten. Sie versuchen, in Auseinandersetzungen nicht aufzubrausen, und schätzen gute Beziehungen zu Ihren Mitmenschen. In Ihrem Alltag wollen Sie insgesamt nicht zu gierig oder – als anderes Extrem – zu asketisch sein. Sie wissen um den Wert Ihrer Gesundheit und Sie sorgen für sich. Und im Laufe Ihres Lebens lernen Sie immer weiter dazu. Dieses Lernen ist natürlich und eine Art Wachstum. Es geschieht von allein. Dazu müssen Sie sich nicht bemühen.

Stellen Sie sich vor, Sie sagen mehr „Ja" zu Ihren Fehlern. Wie könnten Sie dann noch gnadenlos streng andere Menschen kritisieren und über ihre Mängel herziehen? Sie mögen es natürlich immer noch nicht, wenn einer seine Verabredung mit Ihnen vergisst. Sie ziehen es immer noch vor, wenn andere Menschen höflich und rücksichtsvoll sind. Aber wenn das Gegenteil geschieht, dann bleiben Sie mehr oder weniger entspannt. Mängel gehören dazu. Sie vergessen nicht, dass wir alle menschlich sind. So geben Sie Ihren Schwächen und den Schwächen anderer Menschen kein entscheidendes Gewicht mehr.

Dem Leben vertrauen

„Alles ist machbar – nichts ist unmöglich!" Dieser Werbespruch bringt es auf den Punkt. Sie können gewinnen – oder versagen. Also sind Sie dafür verantwortlich, Ihr Glück zu erjagen. Strengen Sie sich an! Noch mehr! Auch Zufriedenheit muss machbar sein. Denn: Nichts ist unmöglich (Ulsamer 2008, S. 11).

Dass auch in der Realität nicht alles ganz so „machbar" ist, verdrängen wir nach Kräften. Anderen Menschen mag Schlimmes passieren – Ihnen nicht! Sie haben ja Ihr Leben im Griff. Sie mögen in den Nachrichten Berichte über Kriege, Erdbeben und Tsunamis sehen. Solange es Sie nicht direkt trifft, braucht es Sie nicht wirklich etwas anzugehen, und Sie können es für Ihr Leben ausblenden. Wir erleben großes Glück, zu dieser Zeit in dieser relativ sicheren Gegend der Erde zu wohnen. Lebensgefährliches spielt sich in anderen Regionen der Welt ab. Und selbst wenn es uns nahekommt, trifft es andere.

Ist Ihr Leben hier Fügung? Schicksal? Verdienst? Nein, es ist Zufall. „Zufall" hat etwas Verstörendes an sich. Er zieht einem ein Stückchen des Teppichs unter den Füßen weg, auf dem man scheinbar so unerschütterlich ruhte. Zufall ist das Gegenteil von Kontrolle. Zufall liefert Sie etwas Größerem aus.

Der persönliche Größenwahn strebt nach Kräften danach, unbeeindruckt von diesen Tatsachen zu bleiben. So jemand trägt innerlich die Nase hoch erhoben, bläst sich selber auf: „Ich habe es in der Hand!", „Ich kontrolliere mein Leben!" Es ist ein Schutz gegen das Gefühl von Hilflosigkeit und Ausgeliefertsein. Als Menschen sind wir ein winziges Staubkörnchen im unermesslichen Weltall, viel größeren Kräften ausgeliefert, als wir je fassen können. Das zu sehen, anzunehmen und auszuhalten, ist schwierig.

Allmacht ist das genaue Gegenteil von Demut. Wenn jemand demütig wird, dann schrumpft er auf das Maß, das ihm – eigentlich – angemessen ist. Doch das ist nicht unbedingt angenehm. Es mag sogar schmerzhaft sein.

Schauen wir weitere Spielarten unserer Illusionen an. Können Sie Ihre Zufriedenheit verdienen? Durch viele Anstrengungen? Durch viele Opfer? Sodass sie am Ende eines Wegs als Belohnung auf Sie wartet? Schön wäre das! Irgendwo simpel und auch irgendwo gerecht. Aber ist das

10 Selbstliebe, oder: Ich will so bleiben, wie ich bin

Leben gerecht? Wir hätten das gern, denn damit könnten wir den Sinn vieler Anstrengungen rechtfertigen. Doch das Leben wuchert üppig und grenzenlos – eine Schablone von Gerechtigkeit wird ihm nicht gerecht. Unsere Ideen vom Leben sind wie das Eimerchen, mit dem ein Kind das Meer ausschöpfen will.

Was wäre, wenn Sie die Anstrengung losließen? Da gibt es eine tiefe Angst vor dem Verlust von Kontrolle. Kontrolle ist Zwang und Schutz zugleich. Was könnte geschehen, wenn Sie mehr Kontrolle ließen? Wer dauerhaft glücklich ist, muss die Kontrolle aufgeben. Glück und Kontrolle sind Gegensätze. Glück – die offene Hand – und Kontrolle – der feste Griff. Wer glücklich ist, hat Vertrauen. Wozu? Zu wem? In was? Es gibt so viele unterschiedliche Worte und Bilder dafür. Manche nennen es Gott, manche das Leben, andere das Schicksal, die Welt oder auch Mutter Erde. Diese Worte sind wie die unterschiedlichen Finger, die zu dem gleichen Mond deuten.

Ruhen wir uns noch einen Moment nach dieser langen Reise in „Holly's Happiness Home" aus. Das Logo ist gemalt mit drei bunten „Hs" in einer Rakete. Oben in der Spitze ist ein glücklich lachendes Gesicht.

Take-aways aus diesem Kapitel für Ihren Alltag

Frank Behrendt
  Wie Sie mit sich ins Reine kommen und an der Zufriedenheit für Ihre Zukunft arbeiten:

- **Sich selbst regelmäßig hinterfragen:** „Ach, das waren noch Zeiten, als ich jung/jünger war! Dieser Elan und Spaß am Leben!" Da gibt es doch meist manches, was über die Jahre des Arbeitslebens auf der Strecke geblieben ist. Wenn Sie mal zurückdenken, was Sie Anfang 20 wahrscheinlich noch mehr besaßen: Frische, Fröhlichkeit, Schwung, Lebendigkeit, Neugier, Mut, Einsatz. Zugegeben, das ist jetzt eine große Auswahl – kreuzen Sie gedanklich nur das Zutreffende an, wenn Sie mal kurz persönliche Bilanz ziehen. Seien Sie ehrlich, es ist ja kein Vorstellungsgespräch, Sie sind nur Ihr eigener Checker: Was davon hat sich auf Ihrem bisherigen Weg verringert oder ist ganz verschwunden? Können Sie wieder etwas von dem zurückgewinnen? Nicht wieder mit den Spannungen des Zwanzigjährigen, sondern angemessen der Reife und Lebenserfahrung, die Sie jetzt haben? Was hindert Sie? Welche negativen Erfahrungen haben Sie in der Zwischenzeit gemacht, welche Enttäuschungen haben Sie erlebt, welche Hoffnungen haben Sie aufgegeben? Dieses Check-up hat mein damaliger Coach Bertold Ulsamer mit mir seinerzeit auch gemacht, eine Art persönliche Bestandsaufnahme als Grundlage für unsere Arbeit. Gerade die letzte Frage war und ist für mich essenziell: die nach den Hoffnungen. Besonders nach Niederlagen und persönlichen Enttäuschungen ist es oft verdammt schwer, wieder neue Hoffnung zu schöpfen. Aber es geht, wenn man die negativen Erlebnisse aufarbeitet und sich erinnert, wovon man mal geträumt hat. „Gib deine Träume niemals auf", sagte mein Vater zu uns Kindern. „Sie werden zwar später nicht mehr so aussehen wie früher, aber der Grundgedanke bleibt der gleiche: Glücksgefühle zu erleben." Jedes Auto muss regelmäßig zum TÜV. Wir müssen das nicht, daher sind wir gut beraten, uns und unseren Weg regelmäßig zu hinterfragen. Das kann man selbst machen oder mit einem Sparringspartner. Wichtig ist, dass man es macht.

- **Highlights der Vergangenheit:** Meine Mutter liebt Fotoalben. Sie hat für jedes ihrer Kinder eines geklebt. Und sie hat nicht damit aufgehört, als wir das Elternhaus längst verlassen hatten. Somit zeigt sich beim Betrachten der Bilder eine Entwicklungsgeschichte. Unsere Kindheit, unsere Jugend, die Zeit der Ausbildung, der Start ins Berufsleben, die Gründung einer eigenen Familie, das Größerwerden der Kinder. „Jedes Alter hat seine schönen Seiten", sagt meine Mutter, wenn einer von uns einer bestimmten Zeitepoche nachtrauert. Recht hat sie. Als ich kürzlich bei einem After-Work-Event der Global Digital Women mit einer Personalberaterin sprach, kamen wir auch auf Lebensläufe zu sprechen. Die Fachfrau für Hu-

10 Selbstliebe, oder: Ich will so bleiben, wie ich bin

man Relations – sie findet das besser, als von Human Ressources zu sprechen, weil ihr letzteres zu wenig menschlich erscheint – erklärte mir, dass ein klassischer Lebenslauf eigentlich gar keiner wäre, weil sich dort nur ein Ausschnitt des Lebens und damit der Persönlichkeit des Verfassers zeigen würde. Sie ist der Meinung, dass sich spätestens alle 10 Jahre eine Wendung im Leben eines Menschen ergibt und man daher einen CV eigentlich anders aufbereiten sollte. Sie erzählte mir, dass sie bei Gesprächen die Bewerber im „Ten-Modus" befragt. „Was war dein Highlight im Leben mit 10 Jahren?", „Was war im Alter von 20 ein einschneidendes Erlebnis?", „Was hattest Du mit 30 erreicht und was war dein nächstes Ziel?", „Wo willst du mit 40 sein?" Ich fand das eine spannende Herangehensweise und baue diesen Gedanken inzwischen selbst in Vorstellungsgespräche ein. Bei jüngeren Bewerbern hat die Personalfrau die Abstände kürzer getaktet, da geht sie in 5-Jahres-Schritten vor. Wenn man sich die Schnelllebigkeit der Welt heute anschaut, ist das mit Sicherheit ein vertretbarer Ansatz, denn wer kann schließlich heute noch in 5-Jahres-Schritten denken und planen? Vielleicht haben Sie Spaß daran, diese Übung auch mal für sich persönlich zu machen. Ob in 5er- oder 10er-Schritten bleibt Ihnen überlassen. Aber ein Cross-Check, was Ihnen in bestimmten Lebensphasen wichtig war, an was Sie sich gerne erinnern, was Ihrem Leben eine Wende gegeben hat, ist spannend. Und „by the way" kann dieses Rückblättern im gedanklichen Fotoalbum Ihres Lebens sehr hilfreich sein, wenn Sie bei einem (Bewerbungs-)Gespräch in bester Storytelling-Attitüde Ihre (Lebens-)Geschichte anhand prägnanter Ereignisse erzählen sollen/wollen.

- **Ehrliche Bestandsaufnahme:** Bertold Ulsamer hat im Kapitel überspitzt beschrieben, wie man sich selbst unglücklich machen kann. Dieses Ziel hat natürlich in der Regel niemand, sondern das Gegenteil ist erstrebenswert. Die maximale Zufriedenheit, ein dauerhaftes Glücksgefühl oder das wunderbare Gefühl, mit sich vollkommen im Reinen zu sein, versprechen diverse – meist selbsternannte – Heilsbringer mit ihren Methoden. In der Realität wissen wir alle, dass es so einfach nicht geht. Was aber meist ganz einfach funktioniert, ist, sich Klarheit zu verschaf-

fen. Wenn man weiß, wo man steht, ist man schon ein gutes Stück weiter, um sich auf den Weg zu machen – zu sich selbst und einer zufriedenstellenden persönlichen Zukunft. Deshalb die Frage nach Ihrem ganz persönlichen Status quo: Stehen Sie noch vor Ihrem Peak? Oder sind Sie bereits auf dem Höhepunkt Ihrer klassischen Karriere angekommen? Haben Sie den maximalen Aufstieg vielleicht schon hinter sich? Damit wir uns nicht falsch verstehen: Zufriedenheit und Lebensfreude definieren sich nicht allein aus dem beruflichen Fortkommen und dem erreichten Status. Sicher, es gibt viele Manager, die dieses Gefühl vermitteln, und die Storys von späteren Abstürzen, nachdem die (geliehene) Macht nicht mehr vorhanden war, wurden oft genug erzählt. Wichtig ist, sich klar zu machen, wo man aktuell steht und wo man gegebenenfalls noch hin möchte. Die Ziele können dabei auch ganz klar außerhalb der klassischen Karriere-Treppenstufen liegen. Vielleicht ist es die Sehnsucht, nach Jahren des Angestelltendaseins doch noch einmal etwas Eigenes zu machen? Oder es lodert der Traum in Ihnen, mehr Zeit für Partner/Kinder/Enkelkinder/Hobbys/Reisen zu haben? Vielleicht sehnen Sie sich auch danach, Erfüllung im Rahmen eines karitativen Projektes zu finden. Ich traf kürzlich einen Millionär, der sich nach dem Verkauf seiner Spedition trotz des vielen Geldes nutzlos vorkam. Inzwischen organisiert er ehrenamtlich die ausgeklügelte Logistik für die Hilfsorganisation „Die Tafeln" und ist wieder glücklich. Also: Wo stehen Sie? Wie sind Sie mit sich zufrieden? Auf einer Skala von 0 bis 100 – wie viele Punkte geben Sie Ihrer Zufriedenheit? Lassen Sie sich dadurch nicht aus Ihrer Bahn bringen, aber anregen, bei sich selbst nachzuschauen und nachzuforschen! Wenn Sie bei 100 Prozent sind – herzlichen Glückwunsch. Wenn Sie unter 50 liegen, sollten Sie ergründen, woran es liegt und was Sie tun müssten, um zumindest mehr als „halbwegs zufrieden" zu werden.
- **Eine Liste der Träume anlegen:** Es ist der alte Vorstellungsgespräch-Witz, über den wir alle mal gelacht haben, wenn der Chef den Bewerber fragt: „Wo möchten Sie in 10 Jahren sein?" und dieser freundlich lächelnd antwortet: „Auf Ihrem Stuhl". Dabei ist die Frage grundsätzlich nicht verkehrt, sich Gedanken über die persönli-

10 Selbstliebe, oder: Ich will so bleiben, wie ich bin

che Zukunft zu machen. Bertold Ulsamer hat im Kapitel wunderbar ausgeführt, dass im Leben nicht alles planbar ist. Der Zufall spielt mit. Deshalb zitiere ich noch einmal sehr gerne meinen weisen Vater. Er sagte stets voller Überzeugung „Heute ist die beste Zeit". Und so hat er auch gehandelt. Vom übermäßigen Sparen fürs Alter hielt er wenig. Er hat das verfügbare Geld lieber ins aktuelle Leben investiert. Gerne denke ich daran zurück, wie er meinen jüngeren Bruder und mich als Jugendliche zu einer sündhaft teuren Abenteuerreise nach Kanada einlud. Mehrere Wochen waren wir auf der Traumstraße der Welt unterwegs, fuhren Kanu und erlebten die zahlreichen Schönheiten dieses faszinierenden Landes. Freunde schüttelten den Kopf und meinten, für das viele Geld hätte sich mein Vater lieber ein neues Auto kaufen sollen, anstatt weiter mit seinem in die Jahre gekommenen Ford Taunus herumzufahren. Er lachte dann nur und meinte, dass diese Reise „mit seinen Jungs" ein einzigartiges Erlebnis und ein langgehegter Traum und jeder einzelne Cent sehr gut investiert gewesen wäre. Von dieser Reise haben wir immer erzählt, wenn wir uns in meinem Elternhaus am Kamin getroffen haben. Und kurz bevor mein wunderbarer Vater starb, sagte er uns noch: „Vergesst Kanada nicht." Haben wir nicht und wir werden diese Momente auch nie vergessen. Ich habe diese Attitüde von meinem Vater übernommen. Meine Kinder übrigens auch. Meine große Tochter hat sich schon vor Beginn ihres Studiums ihren größten Traum erfüllt und ist mit ihrem Freund durch ihr Sehnsuchtsland Neuseeland gereist. Dass sie dafür in den nächsten Jahren auch reisetechnisch kürzer treten muss, stört sie nicht. „Ich trage die Bilder im Herzen und sie machen mich jeden Tag glücklich", sagte sie mir. Meine jüngeren Kinder geben ihr Taschengeld immer direkt aus, auch wenn die Omas unverdrossen ans Sparbuch appellieren. Holly sagt dann immer: „Ach, Oma, ich kaufe mir lieber jetzt was, was schön ist, wer weiß, ob es das morgen noch gibt." Eine bezaubernde Logik meiner Jüngsten. Deshalb nun zum Schluss dieser gemeinsamen Reise, auf die Sie sich mit Bertold Ulsamer und mir begeben haben. Nehmen Sie sich ein Blatt Papier und schreiben Sie drei unerfüllte Lebensträume darauf. Setzen Sie hinter jeden ein Kästchen und schreiben Sie ein Datum auf das Blatt. Legen Sie es an einen Ort, an dem Sie wichtige Unterlagen aufbewahren. Sehen Sie regelmäßig auf das Blatt. Fragen Sie sich, warum Sie noch keines der aufgeschriebenen To-dos Ihres Herzens erfüllt haben. Vielleicht machen Sie für das kommende Jahr einen „Business-Plan", wie man das Traumziel in die Tat umsetzen könnte (Einsparpotenziale bei Ihren Kosten ermitteln und umsetzen, auf Dinge verzichten etc.). Sollten Sie sich dann einen der aufgeschriebenen Träume erfüllt haben, dürfen Sie ein Kreuz in das Kästchen machen und überlegen, welchen der beiden anderen Sie als nächsten angehen. Wenn Sie die gesamte Liste abgearbeitet haben, dürfen Sie gerne eine neue machen. Unter der Schreibtischunterlage meines Vaters lag, solange ich denken kann, ein ausgeschnittener Kalenderspruch von Franz Kafka: „Die Träumenden und die Wünschenden halten den feineren Stoff des Lebens in den Händen." Ich wünsche Ihnen viel Freude beim (Er) Leben Ihrer Träume.

Literatur

Brecht B (1971) Geschichten von Herrn Keuner. Suhrkamp, Berlin

Eagelman D (2017) The Brain. Die Geschichte von Dir. Pantheon, München

Ulsamer B (2008) Alles ist machbar und 25 andere fatale Irrrtümer im Business. Denkfallen unter die Lupe genommen. Gabal, Offenbach

Ulsamer B (2014) Glück hat seinen Preis. 7 Gründe, warum es vernünftiger ist, unglücklich zu bleiben. BoD, Norderstedt

GPSR Compliance
The European Union's (EU) General Product Safety Regulation (GPSR) is a set of rules that requires consumer products to be safe and our obligations to ensure this.

If you have any concerns about our products, you can contact us on

ProductSafety@springernature.com

In case Publisher is established outside the EU, the EU authorized representative is:

Springer Nature Customer Service Center GmbH
Europaplatz 3
69115 Heidelberg, Germany

www.ingramcontent.com/pod-product-compliance
Lightning Source LLC
LaVergne TN
LVHW020344260326
834688LV00045B/1512